U0301676

室内设计师.69
INTERIOR DESIGNER

图书在版编目(CIP)数据

室内设计师 . 69, 社交酒店 /《室内设计师》编委会编著 . -- 北京 : 中国建筑工业出版社 , 2018.12
ISBN 978-7-112-22950-5

Ⅰ. ①室… Ⅱ. ①室… Ⅲ. ①室内设计—丛刊②饭店—室内设计
Ⅳ. ① TU238-55 ② TU247.4

中国版本图书馆 CIP 数据核字 (2018) 第 258512 号

室内设计师 69
社交酒店
《室内设计师》编委会 编
电子邮箱 : ider2006@qq.com
微信公众号 : Interior_Designers

中国建筑工业出版社出版、发行 (北京海淀三里河路 9 号)
各地新华书店、建筑书店 经销
上海雅昌艺术印刷有限公司 制版、印刷

开本 : 965 × 1270 毫米 1/16 印张 : 13½ 字数 : 540 千字
2018 年 12 月第一版 2018 年 12 月第一次印刷
定价 : 60.00 元
ISBN 978-7-112-22950-5
(33046)

目录

CONTENTS

VOL.69

“新东方”的探索

撰　文 | 王受之
图片来源 | 安缦酒店

设计界，特别是室内设计界，最近经常提到“新东方主义”这个术语。这个提法，和“新中式”、“新亚洲”的提出差不多是同期的具体到我们看到的建筑、室内来说，也就是在现代建筑设计中加入若干东方的装饰性元素。这十多年来，在国内渐渐形成了设计风格中很显赫的套路，沿用的人越来越多，在各种专业座谈会上也不绝于耳。我虽然也曾经在2002年前后提倡在现代住宅建筑中沿用一些中式元素，也尝试在有机会的时候做一些包含中式元素的现代园林，但是作为“主义”，我一直非常谨慎，因为设计上的“主义”每一个都经历了好长的发展时期，不是房地产宣传中可以那么随意创造出来的。

之所以今天会选择“新东方”这个题目来写这篇专栏，是因为上个月突然听到澳大利亚建筑家凯瑞·希尔（Kerry Hill, 1933-2018）去世的消息，虽然我与他未曾谋面，听到他的故世，依然颇有些悲伤，那种心情和前年听到印度尼西亚设计师贾雅·易卜拉欣（Jaya Ibrahim）突然去世时的感觉非常相似。因为他们两位是我心目中在设计界最具有代表性的推动“新东方”设计风格的核心人物，而两位影响我都因他们设计的安缦酒店。安缦度假酒店集团（Aman Resorts International）的酒店设计，每一个都和所在地有密切的关系，有些甚至包含了原来的古建筑在内，把东方的风格融合在现代结构内部，经常做得天衣无缝、相得益彰。在我来看，要说“新东方”、“新亚洲”、“新中式”，都可以从他们的设计中找到比较令人满意的答案。

我大概是今年六月份去了北京的颐和安缦，颐和安缦坐落在一系列颐和园所属的古典院落中，安静平和，古远肃穆，像一处安宁的庇护所，坐落在已逝王朝的门槛上，充满了明代优雅的气味。51间四合院中的客房，散落在蜿蜒回廊勾连的四方庭院里，庭院间客房缀连，婆娑树影于竹帘之间摇曳，阳光穿透枝蔓、窗格散落到室内。红木屏风，榆木床榻，楠木门窗，金銮金砖，金属钥匙，油布雨伞，八间套房都备有特大双人床和明式风格的家具，并采用了卧室与起居室二合一的格局，所有套房中都配有长榻、阅读椅和书桌。我坐在那里吃饭、聊天、看收藏的郎世宁书画，好像重新回到历史中一样，完全忘记这些古典建筑大部分是新设计、新建造的。这就是我见到的让我心动的安缦作品，颐和安缦是2008年建成的，建筑设计师是让·米歇尔·加斯（Jean Michel Gathy），室内设计是我上文提到的在英国学习成才的印度尼西亚设计家贾雅·易卜拉欣。

安缦度假酒店集团吸引我的注意，是从1990年代以后。其实这个品牌的酒店不多，但个个都是精品，也都是现代建筑、现代设计和本地风格的融合，仅仅这一点，就让我非常喜欢。安缦目前在世界21个国家里有33家酒店，安缦这个词在闪语

安缦努莎

安缦养云

（the Sanskrit）、旁遮普语、波斯语、乌尔都语等语言中表示和平、安全、遮蔽、保护的意思。这个酒店集团建立于1988年，完全是一个开始于兄弟朋友之间的感性投资项目。当时，艾德里安·泽查（Adrian Zecha）、阿尼尔·塔达尼（Anil Thadani）和另外两个朋友一起，在泰国的普吉岛看见如此美好的海滩、山林，却缺乏和本土建筑有关联的酒店，因此商量投资建立一个小尺度、高品质的度假酒店，他们称这个酒店为安缦普利（Amanpuri），是请建筑师艾德·图特（Ed Tuttle）设计的。这个建筑师做了一个非常低密度的酒店，几十间客房，建筑吸取了许多泰国传统建筑的元素，室内设计更加是泰国风格的，而服务则有世界最高的水平，非常成功。图特后来成了安缦集团的主创设计师，做了很多项目。

1988年完成了安缦普利之后，这个酒店就逐渐形成酒店集团，他们主要在东方投资建造同类型的酒店，特别在印度尼西亚、柬埔寨、印度、不丹、斯里兰卡、中国投资建造新的酒店，也在法国、加勒比海地区、美国建造了不多的度假酒店。

对我来说，第一个让我感兴趣的问题，是这个酒店为什么能够做出这么纯粹的“新东方”风格。这是一种从空间布局就开始深入骨髓的东方感，而不是大多数所谓“新东方”的表皮装饰，这个秘密其实源于酒店的定位。安缦定位为度假型的高级酒店，设计上要求每一个都与众不同，强烈要求设计上因地制宜，保护所在地点的文化元素，因此客房也非常少，一般数量在55套以内，并且基本要求设计为独栋的小房舍，在印度的安缦卡斯（Aman-i-Khás）、印度尼西亚的安缦瓦纳（Amanwana），客房甚至设计在帐篷里。安缦酒店的客房大部分有户外的私人泳池或者浴池、户外用餐区，服务员的配比则估计是世界上最“讲究”的高：安缦酒店要求基本做到四个工作人员服务一个客人的高服务比，这样的配比，肯定有无微不至的周到感，是其他酒店做不到的。安缦酒店原则上要求不设接待大堂，也没有宏大的入口，低调、温馨、古朴、自然是设计的原则，能够遵循这四个原则，已经具有东方感了。

安缦酒店重在对酒店所在地的传统文化保护，比如我提到的颐和安缦保护了大量颐和园的古建筑，就是一个好例子。在柬埔寨设计的安缦酒店，是今年才去世的建筑家、设计家凯瑞·希尔设计的安缦暹粒（Amansara in Siem Riep），于2002年建成开业。位置上原来有一座非常经典的西哈努克亲王在1960年代初期建造的高级私人别墅，但是经过岁月的洗涤，特别是“红色高棉”的破坏，那栋别墅早已荡然无存了，设计图也找不到。希尔和他们的团队到处寻找参考资料，最后从一本很老的旅游手册上找到了那个别墅的照片，从而完全依照图片在原址做了别墅的复原。现在

安缦达瑞

去看安缦暹粒，真是美轮美奂，有一种法国殖民地和西哈努克王国混合的色彩，这种感觉是其他地方很难找到的。

说起这两年去世的凯瑞·希尔和贾雅·易卜拉欣两个人，我就想起前两年去过杭州的安缦法云（Amanfayun），它让我深深地为那种骨子里的中国品格而感动。这个酒店是贾雅·易卜拉欣设计的，完成于 2010 年。度假酒店所在的地方，原先是一个叫“法云村”的古村落。集团买下小村子后，把整个村子改建成一间间酒店客房，原来的茶场都被很好地保存下来。现在的安缦法云内有 22 块茶园地，在茶园中漫步，是一种奇特的感觉。

安缦法云位于西湖西侧的山谷之间，距杭州市中心很近。沿路两旁竹林密布、草木青翠。经过植物园和西湖内部水路，便来到天竺寺和天竺古村落。安缦法云坐落于天竺古村另一侧，毗邻灵隐寺和永福寺。此处包括周围茶园在内，占地面积共计 14 公顷，共有 47 处居所，据说最古老的建筑物始建于唐朝，曾为附近茶园村民所住。度假酒店的主干道 —— 法云径连接所有客房（庭院住宅）和酒店设施。这里的住宅可追溯至百年以前，如今以传统作法和工艺修缮一新，砖墙瓦顶，土木结构，屋内走道和地板均为石材铺置。

整个安缦法云的设计概念为“18 世纪的中国村落”，尽量保持了杭州原始村落的木头及砖瓦结构，房间以不同的形式遍布于整个小村庄中，甚至侍者的制服都使用了与村落极为合拍的土黄色。几乎所有的套客房都不准备电视，房间内整体灯光都比较暗，只在必须用到照明的地方才会使用。在这里，灯的功能被退回到 18 世纪中国村落的蜡烛时代。

从资料上看，安缦酒店的客源以西方为主，安缦酒店在世界上的旅游手册中一直保持名列前茅的地位，这些杂志包括《康德·纳斯德旅游》（Condé Nast Traveler）、《扎加特评估手册》（Zagat Survey）、《嘉里瓦特手册》（Gallivanter's Guide）、《哈帕斯旅游》（Harper's Hideaway）和《旅游和休闲》（Travel & Leisure）。

安缦酒店定位是以西方客户为主的，因此所请的建筑设计师也是西方人为主，包括约翰·西斯（John Heah）、艾德·图特、玛万·阿尔·萨叶德（Marwan Al-Sayed）、文德尔·布涅特（Wendell Burnette）、李克·卓（Rick Joy）、让·米歇尔·加斯、阿萨·拉菲格（Aqsa Rafiq）、丹尼洛·卡佩里尼（Danilo Capellini）、今年刚刚去世的凯瑞·希尔等人。

1989 年，彼得·穆勒（Peter Muller）在印度尼西亚巴厘岛郊外的科特瓦坦（Kedewatan）安缦达瑞（Amandari）建成；1992 年，艾德·图特和达尼洛·卡佩里尼（Danilo Capellini）在巴厘岛玛吉斯（Manggis）的安缦凯里（Amankila）建成；同年，凯瑞·希尔和丹尼洛·卡佩里尼合作设计的巴厘岛安缦村（Aman Villas at Nusa Dua）建成，这个酒店的室内设计师是戴尔·凯尔（Dale Keller）；也是在同年，艾德·图特在法国的库什维尔（Courchevel）

安缦大研

设计了安缦马丽辛（Aman Le Mélézin）；1993年，波比·莫纳萨（Bobby Manosa）在帕马利坎岛（Pamalican）上设计了安缦普罗（Amanpulo）；1993年，让·米歇尔·加斯在印度尼西亚的马越岛西端设计了安缦瓦纳（Amanwana on Moyo Island）；1997年，艾德·图特在印度尼西亚的中爪哇设计了安缦金沃（Amanjiwo），1998年在美国设计了安缦加尼（Amangani at East Gros Ventre Butte near Jackson Hole），接着在2000年设计了摩洛哥40个客房的安缦杰纳（Amanjena,Marrakech in Morocco）；2003年让·米歇尔·加斯在印度拉贾斯坦设计了安缦卡斯（Aman-i-Khás in Rajasthan）。

世界上最小的安缦酒店是凯瑞·希尔设计的不丹的安缦可拉（Amankora），只有5套单元，是在2004年开业的，这个位于喜马拉雅上的安缦，也是世界上海拔最高的度假酒店了；2005年艾德·图特在印度的拉贾斯坦设计了安缦巴赫（Amanbagh in Rajasthan），同年凯瑞·希尔在斯里兰卡设计了安缦嘉里（Amangalla in Galle, Sri Lanka），他还在斯里兰卡南部海滨设计了安缦维拉（Amanwella,Tangalle）；2006年让·米歇尔·加斯设计了土耳其一个岛上的安缦阿拉（Amanyara on Providenciales, Turks and Caicos Islands），并在2008年设计了蒙特内哥罗的安缦思威提（Aman Sveti Stefan）的第一期，叫做米罗什庄园（Villa Miloer）；2009年美国犹他州的安缦吉利（Amangiri in Utah's Lake Powell Region）和老挝的安缦塔卡（Amantaka in Luang Prabang）落成；艾德·图特设计的希腊安缦佐尔（Amanzoe in Peloponnese）2012年落成，让·米歇尔·加斯的安缦威尼斯（Aman Venice）在2013年落成，他的另外一个安缦酒店——越南的安缦诺依（Amanoi in Vnh Hy Bay）也在2013年落成。

凯瑞·希尔设计了好几个最新的安缦酒店，包括安缦东京（Aman Tokyo）是2014年完成的，我曾经住过，非常精彩。他在2016年设计了日本群马的安缦尔姆（Amanemu in Shima），最后在2017年设计了上海的安缦养云（Amanyangyun）。而我参加万科的一次会议住的云南丽江的安缦大研（Amandayan）是2015年由贾雅·易卜拉欣设计的。

看看安缦集团的发展，也能够知道"新东方"设计是如何根据地缘而发展起来的。一部安缦的发展轨迹，也就是"新东方"发展的轨迹。END

东京安缦

社交酒店

撰　文 丨 立冬

酒店其实从来就是社交场，除了客房外，Lounge 和 Bar 大概是一间酒店人气最旺的地方。这是酒店的社交空间，不仅接待旅行者，也接待当地人。但最近，都市酒店中的这些空间已经不仅仅是喝杯好酒的地方，而是以多种形式改变了我们对工作、娱乐、旅行以及空间概念的理解，灵活、多变且能融合各种体验的场地正成为了酒店 Lounge 的新形态。

社交酒店可以理解为借助酒店的开放性和连通性，进一步强化其社交功能的一种生活式酒店，可满足新时代人们享受社交、乐于分享的需求。酒店精心设计的公共区域和功能区、有趣的主题活动和派对、轻松休闲的互动氛围等等都能够吸引客人走出客房，来到酒店的公共空间享受社交的乐趣。另一方面，也能吸引城市居民将酒店作为结识朋友、朋友聚会、商务社交的新选择。

艾斯酒店（Ace Hotel）是社交酒店中的翘楚，每家分店随着当地文化而定制设计，拥有个性独立的特色与故事，并用美学模式重新定义了酒店、社交、购物与睡眠。酒店的创办人和设计团队用"社交"来定义酒店空间，将体验延伸到街区里，将花店、pop-up 商店甚至是 Live 演出、展览搬进酒店。正因为艾斯酒店自带时髦属性，在这里出没的人也不失前卫、好与人交际。

"以护着蛋仔的母鸡"形象设计为标识的玛玛谢尔特酒店（Mama Shelter Hotel）则是社交酒店中俏皮十足的一员，温馨的理念以及超现代的设计风格让不少年轻潮人驻足。设计师大多是菲利普·斯塔克，涂鸦式的装饰以及丰富的色彩冲撞出派对的氛围，匠心独特。

万豪酒店旗下的艾迪逊（Edition）也是社交酒店中的超级明星，其创始人 Ian Schrager 堪称"精品酒店业鼻祖"，他和搭档曾经创办了轰动纽约乃至改写全世界夜店文化的 Studio 54。而后又于 1984 年创办了 Morgans 酒店，开启了全球精品酒店行业，而与万豪共同创办的艾迪逊品牌则浓缩了他对设计酒店的最新见解——"下一代的酒店生活方式"。新近开业的上海艾迪逊在筹备 3 年之久后，终于开门营业。其大堂更像一个放大版的居家客厅，加长的沙发占据了多数的空间，而在最显眼位置的吧台亦是重申着灵魂人物倡导的"大堂社交"理念。END

艾斯酒店
ACE HOTEL

文字整理 | 立冬
资料提供 | Ace Hotel

当酒店不再纯粹只有睡眠的功能，它能变成什么样子的呢？一个诞生于 1999 年的西雅图先锋设计酒品 —— 艾斯酒店（Ace Hotel）就用美学模式重新定义了酒店、社交、购物与睡眠。诞生至今，它的足迹已遍布美英九大城市，其中 8 家在发源地美国。单论规模，艾斯不是一个大品牌，但它的名声远在规模之上。艾斯酒店在 Instagram 上拥有超过 15 万粉丝。Monocle 杂志在 2016 把艾斯列为"最受欢迎的酒店集团"的第三名，只有四季酒店和文华东方超过了它，两者都成立于 1960 年代，其中四季在全球拥有超过 100 家酒店。

酒店的创办人和设计团队用社交来定义酒店空间，将艾斯的体验延伸到街区里，将花店、pop-up 商店甚至是 Live 演出、展览搬进酒店。正因为艾斯自带时髦属性，在这里出没的人也不失前卫、喜爱与人交际。艾斯酒店复兴了酒店的社交属性，并让它以一个更为亲近人的形象呈现出来，开创了社交酒店的新时代。

ACE HOTEL
ACE HOTEL

伦敦艾斯酒店
ACE HOTEL LONDON

撰　文｜立冬
摄　影｜Andrew Meredith
资料提供｜Ace Hotel

地　点｜英国伦敦
设　计｜Universal Design Studio

1 客房
2 前台
3 入口

伦敦艾斯酒店（Ace Hotel）位于东伦敦新兴文艺区肖尔迪奇街区，这个被当地人封为最新潮、最时髦、最酷的街区，曾经是先驱艺术家的摇篮，最尖端、最奇葩的设计师都来自这里，可以成为陌生游客在一个新城市的交流之窗。

设计师与当地文化紧密结合，继承了肖尔迪奇的工艺传统、历史文脉和物质遗产，邀请艺术家、手工艺人和施工人员一起打造了一个如家般让人放松的的环境。其设计美学拥有独到的材料使用细节，整个设计注重传统工艺，并和谐地与肖尔迪奇的历史背景与物质文化融为一体。

设计师尝试将建筑与周边复杂而丰富的建筑融为一体。一层的外墙选择了十分具有表现力的砖墙，将贯通的空间拆分成数个不同功能的商业小单元，激活沿街的区域。丰富的肌理变化让富有当地特色的深灰色砖墙既熟悉又陌生。此外，立面装饰上还参考了了当地金属制造业传统，引入了不少工业元素。

内部公共空间延续了外立面的设计风格，运用大量富有肖尔迪奇区特色的材料——砖墙、金属制品和 Crittall 嵌装玻璃，以划分空间和强调地域文化。此外，还加入了如射灯等剧院的元素，提醒人们曾经在这里耸立的肖尔迪奇大剧院的辉煌往事。大堂吧区域的自然光线映射在浅色砖墙上，创造出舒适的环境氛围。大堂吧内靠窗放置了一张 16 个座位的大型长条工作桌，可供举办非正式会议或用作公共工作空间。咖啡厅、画廊，整个大堂的每个角落每个细节，都经过了设计师和当地艺术家的精心设计。

在 Hoi Polloi 餐厅，设计师意图打造一个吸收了旧日欧洲小酒馆风格的英式餐厅。入口处高大的空间包容着不同生活节奏的客人，绕墙布置的软皮质座椅邀请人们入坐，无论是白日前来工作还是晚上用餐小酌的客人，都各得其所。墙上的木质嵌板和玻璃镜面丰富了空间的细节，桌布与石材桌面、皮革沙发与伊洛木墙产生了有趣的对比，酒吧区和用餐区六角形地砖铺装，从木质到瓷砖的变化，甚至灯具、餐椅的选择，每一个细节都得到了重视，只为复刻出传统英式餐馆的精髓。END

1 2	4
3	5

1.2 公共区域

3 酒店大门

4.5 餐厅

1.3 活动场地

2.4-6 客房

ACE HOTEL
PICKS

纽约艾斯酒店
ACE HOTEL NEW YORK

撰　文 | 立冬
摄　影 | Fran Parente
资料提供 | Ace Hotel

地　点 | 美国纽约
设　计 | Roman & Williams

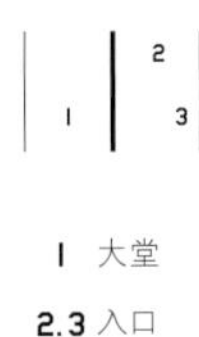

1 大堂
2.3 入口

艾斯酒店的强项，也是它最令人期待的地方就是它完全打破了酒店业的另一条规则 —— 标准化作业，他们的信念一直是："如果每一处都自我重复，你就会丢失品牌。"纽约艾斯酒店（Ace Hotel）则尝试了艾斯系列的另一种风格，设计公司 Roman & Williams 为其设计了经典繁复的装饰艺术风格，空间里有复古式大尺寸冰箱，还有油画贴面的大衣橱等许多大楼的往事和小细节，就像是一部暗色调版的 Wes Anderson 的电影。

大堂是它的精髓所在，设计师把这里打造成一个开敞的大空间，希望纽约的年轻人既可以在这里喝咖啡上网娱乐，也可以在这里工作。如果你是新创业的老板，还可以在这里面试员工。白天这里是安静的会议室图书馆，晚上就变成了嗨翻天的酒吧。这里简直是纽约客的一个社交大空间。

酒店的接待处并不像标准酒店那样正对着大门，而是被设置在进门右侧，大堂设计保留了建筑本身的吊顶、地砖和一部分有强烈年代感的家具，被分成了三个互相重叠、公用一个空间，却彼此分离，互不影响的功能区块。纽约艾斯酒店有两个侧门，一个是通往挤满小众设计的 Opening Ceremony，另一扇则是直接连接鼎鼎有名的 Stumptown Coffee。

与暗色调的艾斯形成鲜明反差，在 Stumptown Coffee 通透明亮的空间里，从木质吧台到顶棚都洒满自然光。这里除了有纽约城里都数一数二的自家烘焙咖啡豆，还有从意式、手冲、冷萃到滴漏咖啡几乎所有品类的选择。

总共有258个房间，它家特别的是，每一个房间都不一样。即使是同个 LargeRoom，每一间的摆设和设计，还有墙上的艺术都不重复。从 SmallRoom 开始房间里可以看到不同的绘画、涂鸦，很适合拍照！拍起来就像是在家一样，有些房间还会配有 Martin Guitar。END

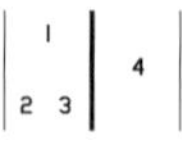

1-3 大堂

4 公共空间细节

RUN DMC
CROWN ROYAL
THE NEW ALBUM IN STORES
02.27.01
ALIEN CANOPY
PHIL BLUNTS
BIG PUN
JESUS IS RISEN
ILL BANG
DEGREES
NO DRINKING
NYPD

1	3
2	4

1-4 客房

ICE
SMEG
VALUE
SPECIAL
See Inside

ICE

洛杉矶艾斯酒店

ACE HOTEL DOWNTOWN LOS ANGELES

撰　文 | Arz
摄　影 | Eileen Skyers, Anna Cardeuc
资料提供 | Ace Hotel

地　点 | 美国洛杉矶
设　计 | Commune Design

1 屋顶露台及泳池
2 精致的冠状屋顶
3 餐饮休闲空间

洛杉矶艾斯酒店（Ace Downtown Los Angeles）坐落于历史悠久的百老汇剧院区中心，始建于1927年，改造前是联美电影制作公司（United Artists），专门制作一些默剧及非主流风格的电影，充满了传奇色彩和好莱坞黄金年代的复古韵味。改造后的酒店集休闲娱乐、观影、社交等多元属性，包含182间奢华套房、加州风味餐厅与Stumptown咖啡酒吧，屋顶设置可俯瞰城市风光的屋顶泳池，最具特色当属由原电影公司剧场修复改造而成的的华丽剧院。

据说在1920年代，电影公司创办人之一Mary Pickford对西班牙哥特风格十分迷恋，将建筑外观及内部装潢为富丽堂皇的奢华风格。在艾斯酒店的改造中，华丽的建筑立面被完整保留，包含令人惊喜的复杂装饰和浮雕细节，与现代繁华的城市街道形成对比。酒店独具特色的哥特风格楼顶，充满了动感上升的纵向线条和凹凸的光影肌理，如皇冠般高调地向周围的街区展示了它的艺术魅力。

为了与酒店的外立面形成对照，内部公共空间的设计以现代极简为主。步入酒店，首先感受到的是大面积混凝土营造的工业氛围，1920年代主题的艺术品、家具与灯具置入这样极简的空间中，更突显了其复古摩登的质感，百老汇复古风情与当代主义巧妙地圆融在一起。墙面上悬挂了一张张历史照片，讲述着它曾经的辉煌故事与神秘轶事。每位宾客步入的是关于这座建筑的故事中，同时也参与续写它的新篇章。

酒店的182间客房包含7种房型，客房设计由知名导演Mike Mills担任策划，空间在他的眼中亦如执掌荧幕，几何黑白复古元素、Art Deco风格与极简工业风共同上演。入住于此，仿佛回归到了电影与艺术的黄金年代。每间客房不仅皆设有装满饮食的迷你吧，更摆放了搭配黑胶唱盘、Gibson吉他、当代艺术品，定制的收音机和唱机转盘（可以播放黑胶唱片），在一些配有原声吉他的房间里面，客人可以弹奏自己的音乐。对于音乐爱好者来说，绝对能拥有一次难忘的住宿经历。除了高品质的住宿体验外，屋顶的酒吧和泳池也是绝佳的放松场所。当夜幕降临，酒店的屋顶酒吧成为俯瞰洛杉矶华美夜景的绝佳之地，不仅可以品尝各类鸡尾酒来刺激味蕾，也能随着动感的旋律摇摆舞动，在浩瀚星空下放空自己。

对于电影制作公司而言，剧场可谓核心。这处华丽乃至魔幻般的剧院能同时容纳1600人就坐，无论整体氛围还是细节，都淋漓尽致地复原了代好莱坞的风华主题。原有西班牙哥特式宫殿和教堂的元素被完整保留，各种图案令人眼花缭乱，同时酒店为剧场加装了现代化的高品质投影及声学系统，今后它将为艺术表演、电影放映、活动庆典提供一处全新场所，当地的音乐家和其他艺术家能在这里定期表演，成为洛杉矶文化艺术领域又一活跃舞台。洛杉矶艾斯酒店也是品牌熟读城市历史、深挖城市文化、现代与古典相结合的又一经典案例。END

1 客房

2 餐厅

3 西厨

4 接待大堂

END
Meshell · Ndegeocello

1 华丽摩登的剧院

2 等候区

3 客房卫浴

4 客房

棕榈泉艾斯酒店
ACE HOTEL PALM SPRINGS

撰　文｜Arz
摄　影｜Sophie Trauberman, Eileen Skyers
资料提供｜Ace Hotel

地　点｜美国洛杉矶
合作设计｜Los Angeles-based design company Commune、地方工匠与艺术家

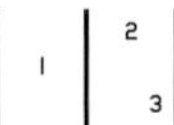

1 室外平台面向沙漠及天空敞开
2 建筑外观
3 建筑局部立面

来到棕榈泉的人们，皆希望逃离城市的喧嚣和快节奏，在这处沙漠之洲中寻求宁静的心灵港湾，棕榈泉艾斯酒店正是这样一处充满温情的庇护所，它是一片拥有173间客房及私享温泉的度假胜地，坐落于山脉、沙漠与地方植物的包裹中。酒店外观低调而亲切，强调“真实的设计”与“真实的材料”，使用低污染、再生的材料进行建造与装饰，致力于打造一处自然、有机的原生态居住空间及活动场地，如同享受一段在波希米亚沙漠露营的经历。

酒店公共区域中，放置了许多休闲家具，可根据交谈及活动的需要，随时移动它们的位置。空间也摆脱了墙体的束缚，阳光和风在其中自由穿行。酒店拥有大面积公共户外空间，面向一望无际的天空、山脉展开，许多房间也拥有独立庭院，室内外的界限被打破，人们在这样的自由空间中疗愈身心。波西米亚的元素从公共区域一直延伸至客房，地毯、墙面装饰充满了色彩变化以及镂空、流苏等元素，设计感的挂件和摆设采用原生材料制作，亲切又随意。酒店水疗服务、温泉、健身房、会议空间等功能一应俱全，同时提供了如免费的周六清晨瑜伽课程等服务体验，宽阔明亮的户外场也成为举办婚礼和派对的绝佳场所。

这处拥抱沙漠的广辽之地，也是艺术家、音乐家和思想家们的自由之境。酒店通过与社区和团体的合作，鼓励越来越多充满创意的人群到这里聚集，用自然激发灵感和创造力。不同行业、不同地域的人们欢聚于此，共享空间的同时，增进了彼此的交流，回归了轻松原始的人际关系。当地的艺术家和工匠也参与了酒店的营建、产品及艺术品的供应，包括酒店中的木质桌椅、陶瓷吊灯、皮凳、窗帘与床品、壁画、艺术版画等。浴室与SPA区的产品拥有自己的独立来源，呼应了健康有机的理念。END

1 | 3 4
2 | 5

1.2 公共空间

3 餐厅

4 客房

5 阳光充足的室外场地可举办各种活动

THEEND.SOS
COMINGI
COMINGE
SHE RO
GREW SHRILL
WERE SPENT. INI
ALL CHANGED. CH
AND SWEET HIS THOUGHT.
A SCHOOL
AND FRIEND

玛玛谢尔特酒店
MAMA SHELTER

撰　文 | 立冬

玛玛谢尔特酒店（Mama Shelter Hotel）是来自法国的一家小型的连锁精品酒店，开业以来一直受到酒店爱好者的追捧。其受欢迎的理由很简单：可爱好玩的设计。该系列的酒店大多出自鬼才设计师菲利普·斯塔克的手笔，空间都异想天开、舒适且具有亲和力。

洛杉矶玛玛谢尔特酒店

MAMA SHELTER LA

摄　影 | 白露
资料提供 | 玛玛谢尔特酒店

地　点 | 美国洛杉矶
设　计 | Thierry Gaugain

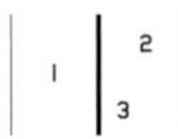

1 大堂
2.3 前台

对大多数人来说，好莱坞就是美国洛杉矶的代名词，而众星云集的好莱坞确实也为洛杉矶增添了一抹无与伦比的奢华光环。而在离好莱坞核心区域中国戏院和星光大道几个街区之遥的地方，却有一座与周边格格不入的酒店。这座六层楼、全白的建筑给这个曾经被当地人认为已经落败的街区带来一丝亮色。

这座清新独特的度假酒店就是洛杉矶玛玛谢尔特酒店，如果住进这里，搭乘电梯到达屋顶，山坡上显眼的"HOLLYWOOD"九个字母便可以尽收眼底。如今，玛玛谢尔特不仅吸引了来自世界各地的游客，更让当地居民频频造访，成为好莱坞最美的拍照景点之一。

这家拥有 70 间客房的酒店由蒂瑞·高盖恩（Thierry Gaugain）所设计，结合了超前卫的现代风格，充满了想象力。虽然这是家酒店，设计师却希望这里提供的不仅仅是住宿或者用餐，而是一个给人们相逢机会的地方。顶棚的各式涂鸦由艺术家 Angeleno 创作，仿佛是旅人对城市天马行空的缤纷想象；充满墨西哥风味的休息区、白色的砖墙、五颜六色的木制桌椅、足球游戏台、各种印制在桌面上的桌游游戏，加上超有趣的泡泡糖机，全都让人有种来到某个好朋友家的地下室开派对的快乐氛围。END

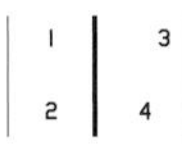

1.2 餐厅

3.4 酒吧

1 2 | 4
3 | 5

1.2 吧台

3 屋顶平台

4.5 客房

MAMA

巴黎玛玛谢尔特酒店
MAMA SHELTER PARIS

撰　　文 | 白露
资料提供 | 玛玛谢尔特酒店

地　　点 | 法国巴黎
设　　计 | 菲利普·斯塔克

1.3 户外空间
2 大堂

玛玛谢尔特的灵感源自滚石乐队（The Rolling Stones）的一首歌"Gimme Shelter"，这家位于巴黎的分店迅速在当地蹿红。酒店最初的创办理念，是将这里打造成一个独特的世界，那是一个"妈妈的庇护所"，没有阶级、没有贫富、没有国籍，所有人生活在一个大同美好的世界。就像是摇滚的本质，在于对社会不平等的呐喊和对人类命运的终极关怀与爱。酒店出名的另外一个原因是因为鬼才设计师菲利普·斯塔克，他打破了传统酒店的印象，把这里设计成一个狂欢之地，更是一个释放生活情绪的乐园。

酒店的设计使用了许多超现实主义和波普艺术的元素。餐厅采用黑色顶棚和昏暗设计，同时兼具酒吧的功能。设计师在色彩的选择上毫不吝啬，大胆运用图案与图形装饰，备受设计爱好者赞赏的是他们在顶棚上的俏皮涂鸦和餐厅里可爱的游泳圈灯管。当然，酒店内随处也可以看见许多斯塔克的作品，如 Miss K 灯、Ghost 椅等。

酒店内设有带 iMac 以及优质 MyBed 床铺的超现代化客房，娱乐区少不了桌上足球的身影，大屏幕还显示了来宾的信息，同时还可以上传照片。值得一提的是，酒店宜人的 ChicChic 酒吧供应多种多样的鸡尾酒，每天晚上别致的排队气氛更是嗨翻全场。END

FLENSBURGER
JEVER
BECK'S
Rothaus

Los Angeles

1	4 5
2 3	6

1-6 餐厅兼具酒吧功能

MAMA
YOU

1	3
2	4 5

1-5 客房

马赛玛玛谢尔特酒店
MAMA SHELTER MARSEILLE

撰　文 | 白露
资料提供 | 玛玛谢尔特酒店

地　点 | 法国马赛
设　计 | 菲利普·斯塔克

1-3 餐厅

这家位于法国马赛的玛玛谢尔特酒店地处马赛市的历史街区内，这种市中心的区位，令城市的文化深深地印刻在酒店的灵魂之中。其空间仍然由菲利普·斯塔克设计，业主方希望可以延续酒店最初的创办理念，将这里打造成一个独特的世界，传递热情好客的理念。在这里，没有阶级、没有贫富、没有国籍，人们可以摆脱过去的包袱，活在当下，预见一个更美好的未来。

涂鸦是这个空间里最明显的符号之一，从顶棚到墙面，再到地面，所有的平面都成为设计师施展设计狂想的舞台。从文字到图形，符号化的东西成了空间的标志。下沉式的入口、简单的前台为创造一个欲扬先抑的空间体验做铺垫。极具菲利普·斯塔克风格的黑色顶棚一直从入口延伸至主餐厅区域和酒吧区域，各式的涂鸦让顶棚成为最具个性的表达。餐厅区与酒吧区相比邻，开阔的空间不设死板的隔断，但是不同的家具又将每个区域明显地划分出来。而设计师最钟爱的波普艺术，也散落在空间里，让人感受的这个"老顽童"敏锐的艺术狂想。酒吧区悬挂的色彩艳丽的游泳圈，点亮了整个酒吧，童趣无限。椅子上的人物肖像装饰，都在细节之中，不禁让人会心一笑。

酒店兼具功能性与艺术感，除了餐厅、酒吧、客房这些常规的配置外，还有一个个性十足的会议室。明暗之间的对比，为人们带来更为丰富的空间体验。会议室和客房一改餐厅酒吧区域的暗色基调，采用明快的颜色。会议室里，黄色的墙面与白色的家具让空间显得更为轻快。工作灯造型的大落地灯，用大尺度来创造一个设计师想象中的世界，让空间显得更有戏剧感。

酒店共有 127 个客房，从 15m^2 到 45m^2，分布在 6 个楼层，分为 5 个类型。在房间的设计上，设计师用简洁大气的手法为空间注入新的能量。他使用地中海地区的常用配色，希望用色彩为客房带来不同的气候体验。所有客房均设有免费无线网络连接和 27 英寸的 iMac 苹果电脑，并且配有迷你吧和一台平面电视，客人可观看一系列免费电影，简单而又温馨。END

1 2	5
3 4	6

1–4 餐厅
5.6 客房

波尔多玛玛谢尔特酒店
MAMA SHELTER BORDEAUX

撰　　文 | 白露
资料提供 | 玛玛谢尔特酒店

地　　点 | 法国波尔多
设　　计 | 菲利普·斯塔克

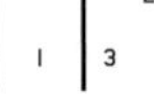

1.2 餐厅
3 会议室

波尔多玛玛谢尔特酒店同样出自菲利普·斯塔克的手笔。在菲利普·斯塔克近几年的空间设计中，我们可以看到很多时候他将自己设计的锋芒藏起，在大气沉稳的设计中隐匿自己的张狂。波尔多店对一些设计元素进行了夸张放大的使用，更娴熟地表达了设计师对当下人们在生活状态的解读。他结合了超现实主义和当今波普艺术，用特有的设计手法来为空间穿上艺术的表皮，再一次巧妙地糅合了设计、生活及艺术三者之间微妙又复杂的关系。

波尔多店与其他店的设计一样，不仅仅是简单的客房或餐厅，也是不可多得的生活和会议场所，一个真正的都市港湾，这里不仅环境美丽、设计现代、充满活力，还备受欢迎、氛围热情、极具吸引力。酒店的空间环境与消费者之间创造了一种当代的，人与人之间以及个人内心的联系，消费者会在这家酒店空间环境中，看到艺术、家具和装置，它们通过实践讲述了一个经验故事。END

1 2	4
3	5 6

1-3 社交空间

4-6 客房

隐居繁华·武康公馆

BAMBOO RETREAT WUKANG SHANGHAI

撰　文 | Arz
资料提供 | 隐居繁华酒店、内建筑设计事务所

地　点	上海市武康路100弄
设计事务所	内建筑设计事务所
主设计师	孙云、沈雷
客房数	20间
开幕时间	2018年8月

1 面向庭院开敞的廊式空间

2 黑调区域入口玄关

武康路是上海第一条国家历史文化名街，街道两侧老洋房伫立，被誉为"浓缩了上海近代百年历史"的名人之路。武康路100号原建筑始建于1918年，初为美商德士古石油公司为其高级职员建造的公寓，后为著名学者王元化故居。2018年，经过内建筑设计事务所的精心改造，这座具有历史文化底蕴的老建筑迎来蜕变，成为隐居酒店系列在沪上的新成员——隐居繁华·武康公馆，她拥有20间各具特色的客房以及BLANCHE餐厅，浓缩了法式精致与海派韵味。

步入"隐"院

经过梧桐树影婆娑的街道，抵达入口，低调的金色招牌安于浅色院墙之上，推开厚重的深色金属大门，院落在眼前展开。步行数十步，建筑玄关一侧植有一株高大树木，迎着柔和曲线向天空伸展，昭示着旅程的开始。酒店采用"去大堂"的设计，并无华丽气派的公共空间，取而代之以实用的多功能空间，化解了传统酒店刻板的空间印象。

老建筑呈对称平面，设计师别具一格地将两侧分为一黑一白两部分：左侧是白色基调的明亮空间，右侧则是幽暗内敛的世界。它们如同人的两种性格——有明有暗、有活泼有沉静、有灵动有忧郁，才是丰满的形象。两侧坐拥相同的庭院景观，草坪、植被、石块、小径……简单随意，又似有禅意。

向左走，向右走

向左走，推开玻璃门扇，进入白色世界。这里的一层拥有法式餐厅BLANCHE(法语意为"白色")，餐厅一侧设置透亮的酒柜，陈列着满目的佳酿。明星主厨Jérôme Tauvron带着30年的美味人生，在明亮灵动的摩登空间中，为沪上食客带来味觉盛宴和愉悦的感官之旅。

向右走，步入沉静的海派氛围中，神秘与幽暗在眼前展开。前台设置于此，供宾客办理入住及提供咨询服务。一侧的多功能公共空间设置会议桌，上方10盏定制的镂空黄铜吊灯彼此错落组合，灯光映照了顶棚的浮雕变化。平日这里也可作为宾客交谈、举办小型活动的场地。

客房分布于两侧的一至三层。拾级而上，木质旧楼梯隐约发出咿呀的声响，有着旧时光的味道。老窗洒入的阳光透过扶手形成序列的倒影，渲染出光影交错的细腻质感。客房命名取自沪语，如伊、侬、吾、弗……流露点滴趣味。老结构为客房形态带来的不确定性，反而造就了每间客房的不同魅力。

细节中的时光痕迹

酒店的金属元素均选用了黄铜质感，贯穿了家具、灯具、客房标识甚至是开关

1 黄铜质感的定制家具，在黑调空间的幽暗光线下呈现出旧时光的韵味

2 黑调空间大堂区

3 黑调空间利用壁炉装置营造氛围

面板的设计中。客房的收纳空间采用暗金色穿孔面板，纤薄而精致。软包、窗帘、地毯、靠垫……或以皮质，或以丝绒材质，或有动物皮草的肌理，组合出丰富性。卫浴空间干湿分离，圆形铜制面盆表面充满凹凸的肌理，金色的洁具简洁锃亮，台盆镜面采用隐藏式灯带，勾勒出墙面的二层轮廓，拱券造型也呼应了建筑的古典风格。灯光布置亦颇具匠心，拥有多层次、低照度、柔和的艺术氛围，带领着人们进入一场精心点缀的旧时梦境中。

下文中，《室内设计师》邀请隐居繁华武康公馆主设计师孙云，谈谈设计背后的思考。

ID = 室内设计师

孙 = 孙云

ID 上海有很多中西文化交融的街道，许多建筑都非常有特点，作为新的改造项目，隐居繁华酒店的整体风格与特色是怎样的？

孙 上海有很多老建筑改造项目，我觉得要为业主做一个符合老建筑调性、带有 Art Deco 风格的酒店，需要有时代性，任何老建筑改造都需要有时代性。我们从前期就开始参与建筑改造，现在大家看到的外墙，只有很少一部分是旧立面，可能 10% 都不到，其他部分基本全部是仿造那 10% 来复原的。所以你看不出哪些是新的、哪些是旧的，这就说明施工水平非常高。包括红砖被撞击、在时间中不断被摩擦带来的弧面和自然肌理，都保留得非常好，当然这也是经过很多努力过程才得来的结果。

从老的角度来说，建筑的外在部分已经恢复得非常好。从新的角度，我们希望整个室内改造设计不要看上去那么满，能延续一些老的内容，希望用 Art Deco 来提升整体调性。它是法国人的东西，在过去的年代没有很多的体现，但从今天新的眼光来看，在这样的一个空间中会变得很不一样。

ID 这样的风格是通过哪些细节来演绎的？

孙 提到 Art Deco 时代，人们常联想到纽约，这座城市里有非常好的表达，但我们用的是偏法国工业时代的设计，同时上海需要有“海派”的调性，这样的感觉延展到了室内所有部分，包括家具、硬装、灯具，然后把所有的这些做好的产品，镶嵌到一黑一白的老房子中。

就拿室内的线条来讲，墙面、墙板的装饰和线条，这个在改造之前的老建筑只微微保留了一点影子，我们选取这个元素简单地发展了一下，演变成现在的样子。它的感觉带有法式风格，比较硬挺和纤细，而英式风格是比较浑厚和饱满的。另外入口大门的处理，我们采用了现代化的全透明玻璃门，但把古典印记用丝网印刷的方式印在上面，好像有人是徒手画上去的效果，大门、墙面都是相互呼应的图案。

ID 酒店入口两侧一边是黑调，一边是白调，是出于怎样的考虑？

孙 人们进门就会发现一侧是白色的，走进里面一下子亮起来了，而另一侧则进入了黑色的空间。这是我们故意设定的，白调这侧是餐厅，过去还有艺术品商店，总体是一个公共开放的区域；另一侧是相对私密的区域，走进去基本上意味着准备回

1 白调空间餐厅
2 白调空间大堂
3 客房

房休息。所以一侧是晚上的感觉，一侧是白天。为了把二者统一，我们放了一个粉调，把粉调分为蓝绿色、粉红色等，在黑白之间形成对撞。这样的调子，在过去那个时代是不太会有的，所以呈现出的感受会更加当代。

ID 酒店家具是选用品牌还是定做？比如黑调公共区的镂空金属吊灯就很有特色。

孙 酒店家具全部是定做的。那组吊灯有点类似中国的风灯，也就是孔明灯的造型。孔明灯特别简单，就是竹子编了一个架子，有的是圆的，有的是方的，下面有个金属架，点了蜡烛以后空气加热，灯热起来就飞起来了。天灯外皮原来是宣纸，我们用的是黄铜丝，像纱窗一样编织成网。铜丝网随着使用，表面生锈之后也会发生一些微妙的变化。

我个人特别喜欢铜，隐居繁华酒店中也大量使用到这个材质。铜在使用二十年、三十年之后，会越来越漂亮，它的特质就是这样，和人有足够的互动性。比如这些桌椅，虽然不是纯铜，但我们都把它做成仿铜，因为全部用铜造价就太高了。刚才说的灯造型虽然很柔软，和那种工业感不太相近，但因为材料相近，所以能够放在一起。

ID 酒店的楼梯、梁柱这些旧结构是如何和新空间结合处理的？老建筑的限制会导致一些非常规的设计变更吗？

孙 这个房子的老痕迹基本已经不见了，很多构件在原本住家的使用中已经破坏殆尽，能留下来的可能只是一些老窗户、老楼梯。有一些我们按照原来的结构、木头的质感做了更新，让它们更好看和好用，有一些保留较好的就不做变动。在客房部分，每间都需要有卫生间和浴室，而这些位置在老建筑中是没有的，而且我们也不像标准酒店，每层位置都是对应的。卫浴空间需要同层排水，不太可能把它钻到下面去，因为下面可能又正好碰到客房，就需要把地面升高，让所有管道走在下面，所以做了一些非常规的高差变化。另外，有些旧结构是不能动的，所以不得不去规避它。比如有些门会比较窄，顶层有的客房入口楼梯走上去有的梁比较低，可能需要弯腰。原来的老房子里就是那样，所以也加以保留，而且对于有些客人来说，这个反倒是有趣味的。

ID 您刚提到建筑外墙只有 10% 是原始立面，几乎看不出来是新做的，这么高的复原度是怎么做到的？

孙 这家古建筑修复单位在上海修复了很多老建筑，他们非常有经验。挖下来老建筑的墙面去做研究、做分析，包括墙面原来是什么东西组成的、鹅卵石是什么样的，都是一个个比较后挑选的。砖的填缝也是，当时填了好多种缝，我到现场后，告诉他们选哪一种，最后再确定。

ID 很多酒店也有优秀的设计师，整体氛围实现得很好，但可能细节并不是很讲究。隐居繁华的效果图与实际效果非常相近，您认为设计师如何把握作品的完成度？

孙 这个真的需要有配合度非常高的施工方，以及配合度高的甲方才可以实现的。首先，我们跟隐居酒店已经有很多次合作，他们知道我们要做什么，基本第一次设计稿出来他们就接受了，所以双方的信任度是基础。另外，施工单位原来是做家居和道具的，工艺的精细度蛮高的，呈现出来的效果不错。虽然有一些偏差，比如顶棚的绿色和墙的白色，我们原来想要的做旧感觉没有出来，看上去基本是全新的，但它在使用的过程中一点点也会发生变化，所以是可以接受的。除了一些细节外，酒店整体软装也基本符合我们的设定。好作品最后能还原度很高，是因为好的施工单位、好的甲方、好的设计单位，彼此关系能处理得很好。END

1	4
2 3	5

1.3 卫浴空间

2.4.5 客房

上海素凯泰酒店
THE SUKHOTHAI SHANGHAI

撰　文 | 立冬
资料提供 | 素凯泰酒店

地　点 | 上海市静安区威海路380号
设　计 | 如恩设计研究室
开业时间 | 2018年

1 前台
2 大堂
3 入口

“泰凯素”的名字来源于13世纪泰国北部中心建立起来的王朝，这一时期的王朝被认为是泰国第一个真正意义上的“首都”以及泰国文化遗产的发源地。正如曼谷素凯泰酒店和上海素凯泰酒店同样的追求泰国文化的核心精髓——一种深刻的怜悯精神、精致的美学审美和与自然的深度结合。

上海素凯泰酒店位于繁华的静安区，是享誉国际的素凯泰酒店及度假村在中国开设的首家酒店，由如恩设计研究室担纲设计。如恩此次的灵感基于上海和曼谷这种人口密集的亚洲城市中普遍存在的现状——城市拥挤引发人们精神上的紧张和渴望与自然再次联系，同时期盼环境在空间上能够给人自由呼吸，充满活力之感。

酒店处处流露出融入自然、返璞归真的和谐理念。匠心设计的装饰和精挑细选的艺术品将酒店打造城一座清新绿洲，整体空间处处流露出富有设计感的自然之美，犹如身处一座美轮美奂的城市花园。其设计风格特色鲜明、简洁、实用，巧妙搭配时尚却柔和的色彩，细节设计精致严谨，在建筑设计和建材选择上采取可持续环保理念，选用原生石料、上等木材、精致丝绸和抛光黄铜等，营造不同质感。酒店还拥有30余件本地和国际艺术家作品，其中包括由日本电子艺术团队teamLab打造的两件大型电子互动装置。

酒店拥有170间设计高雅的客房和31间家居风格的套房，均选用时尚的天然材质。墙面采用环保的硅藻泥装饰，色调舒缓柔和，能有效净化空气、调节湿度、吸收杂音，为宾客营造一个健康、纯净的宜居环境。客房面积从44m^{2}至172m^{2}不等，属上海市内面积最大的客房之一。每间客房设有宽敞的浴室，选用来自澳大利亚的有机洗浴用品，将舒适的住宿体验延伸至每一个细节。

酒店共有5间别具一格的餐厅及酒吧，呈献地道的现代美食和手调饮品，为宾客带来精彩无比的饕餮盛宴。客席米其林大厨Theodor Falser与主厨Stefano Sanna携手主理La Scala意大利餐厅，以大自然为灵感的菜单精选本地时令食材入馔，坚持可持续采购、低浪费、零冷冻、零加工的处理方式，呈献营养健康风味。悠闲惬意的ZUK吧拥有户外露台区，提供创意十足的手工特调，调酒大师Vincenzo Pagliara特别采用实验室专用的旋转蒸发器为每杯鸡尾酒加入迷人佐料。Beans & Grapes供应轻怡健康之选，晚间还可享用具有亚洲风味的小吃搭配杯装葡萄酒。

富有现代设计感的会议场地位于酒店二层，包括上海宴会厅和6个多功能厅，总面积达450m^2。会议空间配备高清宽屏显示屏、先进的音响和照明系统及iPad一键智能控制设施等，适合举办各种规模的宴会、商务会议和展览活动。公共茶歇区The Pantry满足了宾客在茶歇放松之余的社交需求。END

1	3
2	4

1.3 La Scala 餐厅

2 The ZUK Bar

4 URBAN Cafe

1	4 5
2 3	6

1-6 客房

上海艾迪逊酒店

THE SHANGHAI EDITION

撰　　文 | 小雪
资料提供 | 上海艾迪逊酒店

地　　点 | 上海市南京东路199号
概念设计 | Lan Schrager
设　　计 | 如恩设计
竣工时间 | 2018年

1 大堂
2 户外平台

继伦敦、纽约、三亚和迈阿密的艾迪逊成功开幕，上海艾迪逊将创新、真实的奢华旅行概念带到这座人口稠密的国际都市，在市中心地段打造舒适的现代绿洲。这一雄心勃勃、富有想象力的项目将两座个性鲜明又相辅相成的历史建筑联通，打造出上海一流的酒店建筑。其中一座是靠近绿树成荫的外滩黄浦江港口、位于南京路上的原上海电力公司总部大楼，这座以装饰艺术风格为主的建筑是酒店公共区域的所在地，包括恢弘壮丽的大堂、米其林星级名厨 Jason Atherton 主理的全日制餐厅 Shanghai Tavern、世界级的水疗中心、屋顶花园以及众多的酒吧、夜间俱乐部、商谈场所和会议空间。另一栋历史遗产保护建筑经过精细修葺翻新之后，现已化身为设施先进的摩天大楼，整体设计与建筑原有的历史结构巧妙融合，并以现代手法加以呈现。这一多维空间为新旧交替创造了融洽的氛围。酒店设有可眺望外滩景致的 145 间客房及套房，以及一系列可享用美食美酒的空间，包括由 Jason Atherton 主理的位于 27 层的日料餐厅日矢，时尚上海的化身、最早成名于伦敦艾迪逊酒店的精致鸡尾酒吧 Punch Room，以及尽揽上海 360° 全景的顶层酒吧。

上海艾迪逊原址上海电力大楼历经多次开发与改造，拥有深厚的建筑历史底蕴。酒店公共空间设计既向旧时代的优雅气质致敬，也流露出对传统英式乡村庄园或伦敦私人绅士俱乐部风格的喜好。然而，酒店整体和内饰依然主打当代精致概念，秉承伊恩·施拉格先生标志性的新旧融合风格，体现了建筑发展的双重性。酒店门口顶部宽大的屋檐下闪亮着 LED 灯，营造出梦幻星空般的迷人氛围，搭配鹅卵石材质地面，迎接来往宾客。进入大堂，顶棚中央高悬着由法国建筑与装饰设计大师 Eric Schmitt 特别定制的吊灯，弧度完美的金属精巧地承托起耀眼夺目的球形灯体，犹如一颗璀璨的珠宝。大堂气势宏伟不凡，高达 9.5m 的灰色石墙庄严肃穆，而镶嵌其中的深胡桃木色吊顶，则令整体空间添了一份亲密温暖的居家氛围。两种风格和谐融为一体，尽显艾迪逊对立统一的品牌理念。大堂中还设有一个雅致惬意的酒吧，秉承伊恩·施拉格一向保持的"酒店大堂是荟聚之所"的理念。作为酒店的九个酒吧之一，大堂吧的背景墙上镶嵌着白色石膏浮雕，灵感源自上海经典的石库门建筑门头雕刻，藉此致敬这种日渐消逝、却独树一帜的上海传统元素。

酒店拥有 145 间客房及套房，透过视角宽阔的窗户，可饱览令人叹为观止的上海及外滩的特色城市景观，为室内增添了一份孤独沉静之感。卧室和客厅的墙壁与地板均采用浅色橡木装饰，温润的色调营

造出暖心的居家氛围。除了"家外之家"的住宿体验，上海艾迪逊酒店的宾客设施也是当代酒店的新标杆。位于酒店五层的游泳池仿佛直接由采自古罗马山腰的塞茵那石石块雕刻而成，更可俯瞰城市景观。

来自米其林名厨 Jason Atherton 独具匠心的"居酒屋"风格餐厅日矢（HIYA）占据了酒店的 27 层。意为"空中浮云"的 HIYA 由知名的如恩设计研究室操刀，借鉴 Jason 在伦敦的米其林餐厅 Sosharu 的风格，整体环境简约精致而富有魅力。与 Sosharu 一样，日矢也将成为上海精英们夜间的聚会地。Punch Room 酒吧位于日矢餐厅和顶层酒吧的夹层楼间，内部设计灵感出自 19 世纪伦敦的私人俱乐部风格，是屡获大奖的伦敦艾迪逊酒店 Punch Room 酒吧的完美复刻。宾客可从顶层酒吧俯瞰最为壮观的浦东全景，酒吧的露天休息区风景绝佳，主吧台和高脚凳周围环绕着常春藤木架，为客人提供舒适温馨的开放式品酒环境。

酒店都市大堂将历史文物建筑与后现代风格大厦连为一体，是客房和娱乐休闲区的联接处。这一华丽的大堂设有一座"悬浮花园"，高耸的顶棚上垂挂着数株郁郁葱葱的绿植，散发出自然静谧的温馨气息。后墙则被令人惊叹的 7 层高的古董镜面所覆盖，这面镜子是专门为这个空间而设计和翻新的，使空间显得更加宽敞，给人以漫步在室内悬浮森林中的唯美错觉。酒店大楼的亮点是一座气势非凡的青铜旋转楼梯，宾客从顶层酒吧沿楼梯向下三层，便可抵达挑高三层的日料餐厅日矢，于此畅享上海外滩的迷人景观。

从这栋历史建筑中的都市大堂和公共入口可通往酒店的多个餐厅、酒吧和夜间俱乐部，其中包括位于一层的全日制餐厅 Shanghai Tavern。在美国建筑师艾利奥特·哈扎德设计的这座 1930 年代上海风格建筑的基础上，打造出一个专为亲密的私人体验设计的公共空间。华丽的格子顶棚元素更彰显了酒店选址——上海电力公司大楼深厚的历史底蕴。

景致优美的屋顶花园坐落在气势恢宏的第八层，是上海为数不多的城市绿色空间之一。花园由不同高度的砖块和草坪梯田组成，将中式绿化与热带园艺融为一体。这个绿意盎然的屋顶还拥有一座星空露天电影院、一片可以玩草地滚球和槌球的游戏区、配有坐卧两用椅以及一个供应轻食与小食的全方位酒吧。END

1-3 餐厅

有在酒店
URSIDE HOTEL & CAFÉ

摄　　影 | 王楠
资料提供 | 王飞

地　　点	上海市黄浦区花园港路60号B4-3A
建 筑 师	王飞
结构工程师	周志刚
室内设计师	马明浩
品牌设计师	王楠
软 装 师	李耀星、李德云
建筑面积	1700m²
设计时间	2016年~2018年
项目时间	2017年~2018年

1 客房
2 外立面
3 入口

有在酒店位于2010世博会“城市最佳实践区”的原案例联合馆，这里曾经是江南造船厂的厂房，祖上是江南制造局，多年来并未得到有效的开发。有在酒店通过对城市更新各个层面的操作，尝试突破常规的酒店模式，将多维生活、多重居住、共享办公、创意餐饮、多元活动融为一体。

整个15公顷的城市最佳实践区被完全冷落，除了上海当代艺术博物馆一枝独秀之外，没有任何配套设施。有在酒店所在的B4-3栋面临了巨大的挑战。在之前烂尾的二次开发中，原有的B4-3栋15m高的内部大空间被隔成了3层，新的内部混凝土结构完全没有与原有的主体结构进行轴线相对位，且完全脱开，使得后来的有在酒店在设计和改造过程中产生了巨大困难和挑战。我们因地制宜修改了几十稿的平面，因势利导，结果造就了最独有的酒店特色。我们将建筑立面与整个园区的规划风格统一设计，进行了最小的改动，将主入口缩进，在整个区域中以最谦逊的姿态呈现。

我们将一层的公共空间打开，暴露出原有的结构，形成非传统的大堂，有休息区、餐饮区、酒吧区、工作区。一层有一半的区域是错错落落的13个SOLO房，以及3间公共的卫生间及浴室。其中SOLO房有两种户型，一种是2m×2m×2m的独立方形整体预制房，配有高窗，另一种则是相同尺寸但经切角后具有更大高窗的房型。每个SOLO房拥有不同的颜色主题，也位于不同的标高之上。每个模块的壁厚只有10cm，结构、保温、隔声、管线却全置于其中。SOLO房区域有三条不同的路径，提供了像在丛林或蘑菇群中自由穿梭的体验感。酒店二层由于二次开发时的结构与原有厂房的结构不对位，我们将平面分成了4种不同的房型：朝向南浦大桥和上海中心的北3间、朝向上海当代艺术博物馆的3间，中间朝向内走廊的3间和外走廊的3间。所有的房型将床的位置设置在复式二层，并保持了最小的睡眠空间，每一间均有非常宽敞的客厅和干湿分离的卫生间。我们将原有靠外墙的厂房结构暴露出来，将二次开发的混凝土柱隐在墙中。结构工程师将所有的二层床的位置进行悬挑，以保证下层客厅的宽敞与流畅。为了保证朝向内外走廊的中间6套房间拥有更好的采光及一定的私密性，房间外墙采用了整面的玻璃

砖。酒店三层与二层的户型平面基本对应，多为复式跃层房型，但内走廊与外走廊打开了天窗，其采光更为充足，光影效果更为多变。由于三层结构有贯穿整座建筑外墙的 20cm 厚混凝土横梁，每一跨也有钢结构的交叉斜撑，我们选择将这些老结构暴露在房间和走廊中。在一间非常独特的房型中，离地 90cm 的混凝土横梁作为半层的疏导，将浴室与卫生间位于其上，人在如厕时可以欣赏到上海当代艺术博物馆的标志性大烟囱以及黄浦江的景色。中间临着天光内走廊与外走廊的 8 套房间均设置了床铺位置的高窗与天窗，不但足够的采光得到了保障，住客躺在床上即可欣赏日月星辰。整座建筑最大的两个房间均面向北部的南浦大桥和上海中心，足够的房间尺寸就免去了复式跃层，原本硕大的老混凝土梁柱和交叉钢结构得以充分地展露风貌。有在酒店使得新与旧的对话达到了极致。

我们尊重原有老厂房的结构以及失败的二次开发结构，并孕育出了有在酒店独特的新生命。大大小小 38 间房却拥有 15 种完全不同的房型，提供着多种多样的生活体验。“保护不再是追溯的行为，而应当成为前瞻的行为。”有在酒店希望达到的是一种对城市更新更为前瞻的行为。

我们希望有在酒店是颠覆传统和面向未来的生活模式，它是一个家，让每个人“诗意地栖居”。它没有传统意义上的前台，在一层可以吃喝玩乐，也可以共享办公，每层有多重不同的房型。我们取名为“有在”，意为有你在有我在，英文取了谐音，URSIDE (your side 的缩写)，意为在你身边。我们希望大家能够更好地生活。在房间里，把床的空间尽可能地做小，将客厅做得很大很高，让大家更好地生活。一层的公共空间相对于房间是更大的公共客厅，可以提供各种吃喝玩乐及办公等不同活动的可能性。整个城市最佳实践区，包括上海当代艺术博物馆以及滨江步道，相对于酒店是更大的城市客厅。整个酒店提供的是 S-M-L-XL 的多重生活体验。

有在酒店通过整合的开发、设计和运营的模式，对设计智慧有更深层次的实践，希望在不远的将来，这种模式能够被推向一个更高的平台。正如有在团队所设计的带帽子的睡袍鼓励着住客在公共场合使用它一样，当住客戴起帽子，隐藏在帽后的文字正诠释着有在酒店的精神 :“Don't' Look Back (别往后看，向前看)！” END

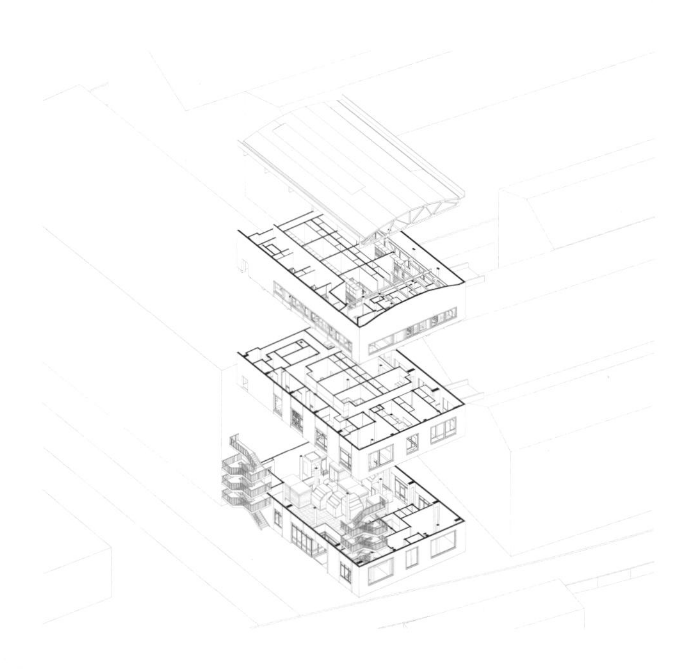

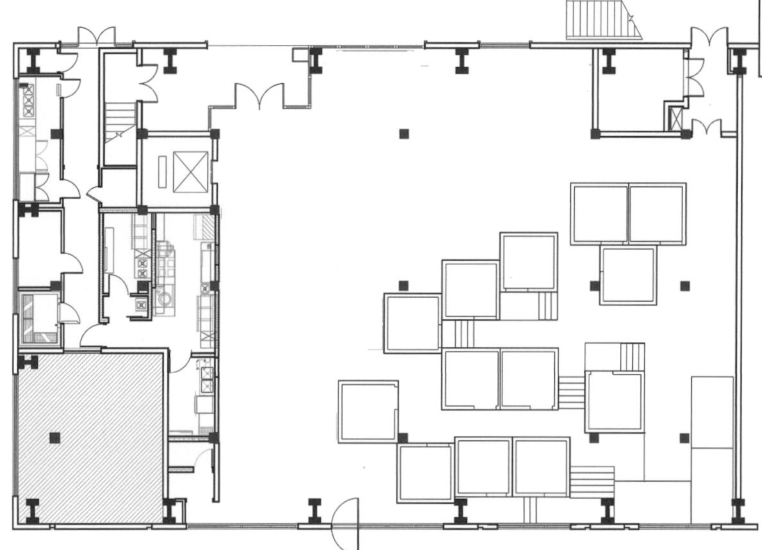

1	2 3
	4

1 一层公共空间

2 轴测图

3 一层平面

4 共享工作区

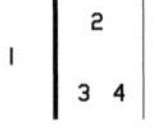

1.3.4 客房

2 一层 solo 区

芝加哥罗比酒店

THE ROBEY HALL HOTEL CHICAGO

撰　文 | 秋分
摄　影 | Adrian Gaut

地　点 | 美国芝加哥
设　计 | 法国 Delordinaire事务所

1.2 大堂
3 外观

“一个人在酒店的大堂里坐着打开电脑工作可不是个好的社交方式。现实点吧，在一家社交型酒店下榻的关键便是通过分享的方式遇见来自全世界各地的朋友。”这番言论出自芝加哥罗比酒店的网站介绍。酒店前身是Hollander酒店的扩展部分，现如今经过翻修和扩建，与位于场地西北部的罗比酒店高层取得了完美衔接。建筑处于Hollander防火仓库之中，有着芝加哥工业时代的印记，而设计师正是在这一工业时代的遗留物中获得了建筑的设计灵感。

与其将自己描述成一座青年旅舍，罗比酒店更喜欢强调酒店的社交性质，它拥有大面积的社交场所和共享设施，包括宽敞的大堂、酒吧、咖啡店及自行车租赁服务等等。其创始人曾在一次采访中谈道，“我们希望将人们在这里的体验描述成一种社交活动，像物理上的社交网络。”

该酒店的中心区域是一个由水泥地面铺装，摆设有橡木和皮具桌椅的公共空间。长27英尺的木质工作台由设计师专门定制，成为了开敞式休息大厅和酒吧的视觉中心。此外，该空间还有一间Metric Coffee Co.咖啡馆和Tokyobike共享单车租赁中心。这里作为当地人的秘密聚集地，为附近居民及外地来访者提供服务。酒吧和休息厅中会不定时举办现场活动和音乐演出。

酒店拥有20间私人客房，其顶棚与粗糙裸露的砖墙同高，均为11英尺。床铺摆放干净整洁，金色的桦木搭配黑钢，床头灯和定制的折叠钢架，以及抛光混凝土地板，如学生宿舍般清爽。每间客房面积为260~390平方英尺，另设有休息区和工作区。

酒店的6层顶楼坐拥一间Cabana俱乐部，游客可以在这里享受时髦的水边鸡尾酒体验，以及180°城市景观。鸡尾酒单里的palomas, caiprinhas和micheladas，炸玉米饼和烤串，让夏日味道全年蔓延。除此之外，巨大的户外壁炉和飘扬而起的美妙音乐让人们相信，在这座风之城里，夏日之风已经吹来。

另外值得Hollander骄傲的地方是它所处的Wicker Park街区——这里一直都是芝加哥的嬉皮士最喜爱的街区。至今，它也是芝加哥最富有创意活力和艺术氛围的地方。多家餐馆、咖啡厅、酒吧、精品酒店、时装店铺坐落于这片只拥有6个街角的社区，还有无数创意公司、艺术工作室与画廊等坐落于此。END

1	4
2 3	5 6

1 大堂
2.3 公共空间
4-6 客房

西安W酒店

W HOTEL XI'AN

撰　文 | 立冬
资料提供 | W酒店

地　点 | 西安曲江新区曲江池东路333号
室内设计 | AB Concept、伍仲匡、颜学添
开业时间 | 2018年

1 全日餐厅
2 客房露台夜景
3 建筑外观

新近开业的西安 W 酒店，由 AB Concept 操刀，地处摩登与历史交汇的曲江新区，面朝曲江池遗址公园与大唐芙蓉园两大热门景点，伴湖而建。通过光影、线条、色彩等不同形式，来展现酒店的装饰美，摩登现代与大唐盛世隔空相遇，古典与潮流相结合，让人眼前一亮。从它的建筑外观来看，可以说是“最像 W”的 W 酒店。在其中，潮流与古典、东西方文化的碰撞便成为了其创意的核心。

W 酒店的标识一直作为热门打卡点，然而西安酒店的“W”标新立异，一半青铜古色古香，一半不锈钢摩登时尚，中间隔着一块镜面，有着穿越时空、对话古今之感。酒店设计以“魅惑时空”为主题，入口的多媒体影像《漂浮的空中花园 THE FLOATING SKY GARDEN》是艺术创意与数字科技合体。大唐盛世、圈子文化、迷离时空构成一座漂浮的空中花园，桃花在长安无尽的时空飘舞，盛唐建筑和飞檐鸱尾在空中掠过。大堂的吊灯，更是融入了敦煌飞天的元素，东西方文化交汇的结果，在飞天里演绎得淋漓尽致。弧形的墙面，让每个功能区域有了自己的空间。

装饰灵感出自上元节，上元节是长安城最热闹的时节，上至王公贵族，下至贩夫走卒，无不出外赏灯，热闹非凡。记载有这么一座巨型灯轮——“高达二十丈，上边缠绕五颜六色的丝绸锦缎，用黄金白银作装饰，灯轮悬挂花灯五万盏，如同五彩缤纷、霞光万道的花树一般”。运用这个设计灵感，这个可以变色的“旋涡”使整个大堂仿佛成了一座银色波浪围绕着的迷宫，充满着时间的变化，迷幻撩人的视觉感，加之宫廷的仪式到民间的欢愉，这些都一起被古都的历史韵味汲取，成为绚丽的现代戏剧魅影。

在入口处附近，会看到几支高高的钢管和一字排开盘着发髻的杂耍小人。其实这个叫做通天高杆，在唐代宫廷礼仪百戏舞乐中排列首位。皇帝以百戏歌舞欢迎各国来宾，惊险绝伦的高杆杂技，再现万国来朝礼仪。这个装置则用当代的表达形式重新诠释了这一气势恢宏的视觉艺术。

酒店共有 385 间客房及套房，设计师通过大胆的设计重新演绎了文化，绚丽的色彩加之现代感的线条，再现了大唐盛世下的风行装扮。W 酒店套房的设计理念更为惊艳，更衣间中则使用大面积的镜面环绕，营造出如同置身于万花筒中的体验；生动柔和的曲面墙壁和房间中的环状围绕的规划演绎着如同丝绸之路般的特色理念。其睡床上的桃形饰物受唐代贡品的启发，化身为典故中康国所供奉的“撒马尔罕的金桃”，致敬古时邦交文明。END

| 1 | 3 |
| 2 | 4 |

1-4 大堂

1	4 5
2 3	6

1-6 客房

深圳硬石酒店
HARD ROCK HOTEL SHENZHEN

摄　　影｜Nirut Benjabanpot
资料提供｜思联建筑设计有限公司

地　　点｜广东深圳
设计公司｜思联建筑设计有限公司
设计团队｜林伟而、Janet Arnett、黄永恒、何宗融、吴焯谦、林智毅
面　　积｜26690 m^2
客　　房｜258间
竣工时间｜2017年9月

1 宴会楼梯

2 全日制餐厅与胶碟墙

3 吉他墙帘

深圳硬石酒店是硬石酒店集团在中国大陆开设的首家品牌酒店。尽管硬石酒店已经是全球闻名遐迩的成功品牌，面对中国消费者的殷切期待仍报以最大的回应与敬意，力促项目更加契合中国的市场需求。深圳硬石酒店在设计上延续了品牌传统，以标志性的摇滚元素和巨星藏品打造充满能量与动感的室内氛围。一尊由钹及鼓槌定制组成的金色飞龙盘旋于入口大厅，为这场无与伦比的摇滚体验揭开序幕。

这尊金龙由1680个钹及鼓槌拼接而成，龙尾傲然显现于入口外立面，龙身蜿蜒穿过10m高的大厅，引导顾客经由桃红色玻璃电梯到达第5层的接待台。此处，一面由160把红色吉他组成的巨幅墙帘带来视觉震撼，设想它们琴弦拨动足以合奏出响彻宇宙的幻曲。接待台右侧是大堂吧，Rihanna等重磅歌星的稀世藏品点缀其间，还有可供乐迷们即兴发挥的互动区域。

接待台左侧是Sessions全日制餐厅，以黑胶唱片作为主题元素装饰墙面和屏风隔断。在空间设计上处理极为细心，为顾客营造出不同风格的用餐氛围，开放式与半私密之空间在此交汇，满足更加个性化的社交需求。258间客房分为标准间、套间和总统套房。标准间内，床身斜置于圆形的迷幻色地毯上，成为50m^{2}开放房间的中央亮点。全开放并带有临窗大浴缸的浴室是房间另一设计亮点。家具均为定制，灵感源自二十世纪中叶的经典概念。END

1 入口及大堂特别设计的鼓龙

2 Sessions 全日制餐厅，如同夜店霓虹灯般的墙饰

3 拥有吉他窗帘墙的接待台

| 1 | 3 |
| 2 | 4 |

1.4 客房

2 大堂吧与 Hardrock 陈列品

3 交通空间

百年老字号
“凤临阁”的再生

撰　文 | 陆洪伟
摄　影 | 潘杰
资料提供 | 内建築、瀚清堂

空间设计 | 内建築
品牌设计 | 瀚清堂
视觉设计 | 智汇堂
艺术品设计 | 庞喜DESIGN
建成时间 | 2018年11月

PHOENING
RESTAURANT

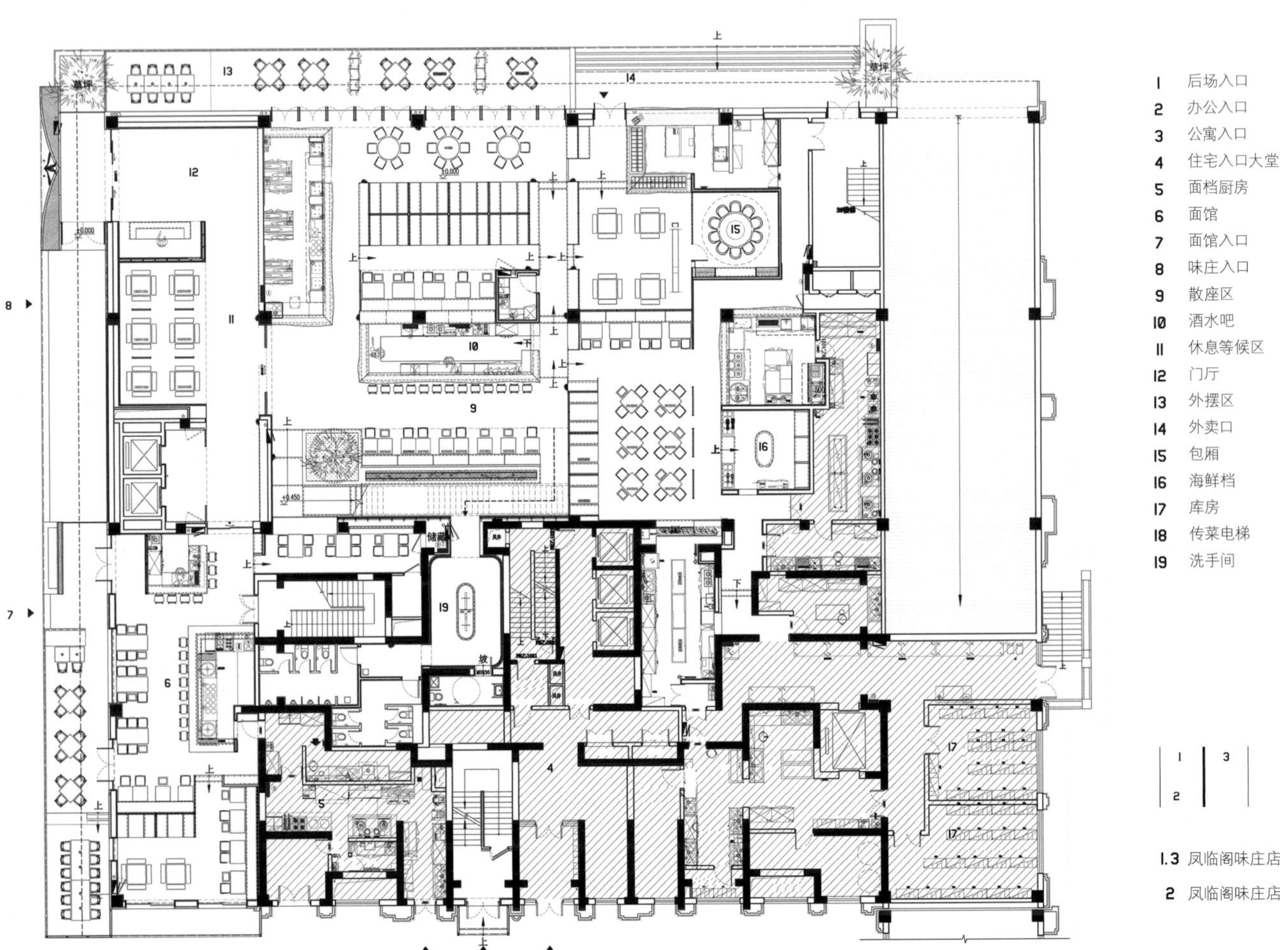

1 后场入口
2 办公入口
3 公寓入口
4 住宅入口大堂
5 面档厨房
6 面馆
7 面馆入口
8 味庄入口
9 散座区
10 酒水吧
11 休息等候区
12 门厅
13 外摆区
14 外卖口
15 包厢
16 海鲜档
17 库房
18 传菜电梯
19 洗手间

1.3 凤临阁味庄店一层大厅

2 凤临阁味庄店一层平面

打开手机记事本，写点什么？大脑就像屏幕的白光，一片空白，这是山西大同五天行程多彩的光色汇聚折射出的光，我发现关于表述沈雷兄带领的内建筑团队设计的"凤临阁"项目，其内容的丰富，要以造句的方式来完成，我实在没有多少话可造。硬是要造的话，恐怕陈词滥调误导了读者。

这里节选凤临阁新店开当天沈雷的微信朋友圈：

经过四个月的设计、七个月的施工百年老店凤临阁今日开幕……当手艺被人需要时，才能留存下来……传承不是守住招牌……流动在血液中的DNA才是永远改变不了的羁绊，造物之心紧密地连接着每一代人。不再迷失于表面的维系，酿老铺的温度……

——沈雷

"凤临阁"新店

步入百年老字号"凤临阁"新店——味庄店，扑面而来的是影像艺术带来的融入画面的体验，颠覆了你到传统餐厅的就餐经验。在等候区静坐，动态影像缓缓移动变换，置身其间时空转换，与"凤临阁"老店相比没有了画栋雕樑，但千年大同人文、自然、美食瞬间穿越。这些影像是潘杰历经一年，多次往返于大同与杭州的潜心之作。

大厅入口处，一棵形态劲健的迎客松，与楼梯相邻，和垂直绿植互相映衬，可谓"俱道适往，著手成春"。长吧台拆分了餐厅空间，咖啡、清茶、红酒、威士忌、鸡尾酒，各种饮料应有尽有，气氛变得轻松生动，在不同的时间段功能可自由转换。公共卫生间被影像包裹，入厕前、后在洗手台前如梦如幻，像是进到诺兰的盗梦空间。整个空间设计收敛谨慎，元素单纯简洁，留出的空白，是庞喜的艺术陈设，无论是牌扁还是松、石、画、茶元素，由表及里，凸显出传统文人气质，新旧交融得自然而恰当，坐在暖暖的壁炉旁，幽幽柔和的的灯光下喝杯热茶，心中由然而生向老字号的致敬。

移步易景，不仅止空间设计及陈设，品牌logo及延展图形自然地附着于空间围合出的表皮，如优美得体的服装，又像是纹身图腾于肌肤，这些图形不仅存在于空间，餐具、用品、服装，处处留下烙印。这是平面设计师赵青与沈雷的再一次完美的合作。从外立面到室内不仅有抽象平面的"凤"，同时也有立体的圆雕的"凤"沈雷邀请他的雕塑家朋友楚天舒专门为"凤临阁"定制造形。服务员身着内建筑合伙人孙云设计的服装，穿行于各个空间神采奕奕，笑容自信。品味五千平方米的"凤临阁"新店的空间设计，我搜肠刮肚能说得清的也只是些支离破碎且难以提炼升华的片断。在此用语言及图片也难以表达贴切，只有身在其中才有体会……

1 凤临阁味庄店一层卫生间公共区

2 凤临阁味庄店等候区

3 凤临阁味庄店二楼走廊

1 凤临阁味庄店二楼

2 凤临阁味庄店三楼

3-5 展示烧麦制作场景的芳馨亭

"凤临阁"品牌系列

内建筑与"凤临阁"项目的合作，其实前后已有一年半的时间，呈现出"凤临阁"品牌系列餐厅、面馆、售卖小亭。

"凤临小阁"餐厅：虽然没有凤临阁老店的藻井门楝，也不像新店大气儒雅，小阁如其名，设计清新雅致且文艺，如小家碧玉，清而不寒，以凤临阁的特色百花烧卖为主打产品，菜品清爽丰富，专为购物中心、CBD社区而量身定制。

"喜晋道"山西老面馆：这是一个新创品牌，以正宗山西刀削面为主，有荤有素，配以特色小菜。店铺设计朴素而深沉，做旧的家具与一杯一碗的深色呼应，吊灯与品牌标识相结合散发出柔和的暖光，平面设计是大同八景与一个可爱的龙形吉祥物，彼此相映成趣。

百花烧卖的"芳馨亭"：百花烧卖是凤临阁最具特色的单品，在传统羊肉口味的基础上，又开发了近十种口味，荤素兼而有之，甚至有蟹粉口味。亭的形式，在任何空间都可独立存在，小而美的售卖方式呈现的凤临阁特色烧卖，还原烧卖制作场景，客人第一时间直接订购品尝。同时，可以通过互联网订购外卖。这也是沈雷在今年上海设计周HOMEPLUS的一个展示作品，让设计回归本原可能才是设计的初衷。

沈雷对商业现状的直觉和敏感造就了这一系列品牌的诞生，这是他关于餐饮空间设计方式的探索与践行的实例，"凤临阁"品牌战略由此孕育而生。沈雷说，能遇到一个信赖设计师的甲方不易，我以为如何思考项目的定位，疏理拿捏文化、艺术、品牌、设计及商业之间关系的平衡，整合资源形成合力，有效地支持到项目才是赢得甲方认同的根本。

餐饮业在如此激烈的商业竞争环境中如何生存、如何赢得市场的认同，传统老字号如何传承发展，设计创意如何创造价值？沈雷试图以文化为线索贯穿于设计的每一个环节，以合作的方式建立起一种群体意识达成设计语言的完整性。这是给空间设计师的一个启示，也许这是未来设计的趋势。

百年老字号品牌"凤临阁"以另一种姿态呈现在山西大同，立冬之后，阳光清朗，悬空寺脚下，河床里水土默默变硬、裂开，缝隙间反射出光亮，网络般耀眼……

1-4 凤临小阁

喜晋道
XIJIN TAO

1.2 喜晋道味庄店

3.4 喜晋道老店

凤临阁系列餐饮主创人员谈设计

沈雷（内建筑设计总监）：凤临阁对我来说是个特别的案子。这个品牌已经有数百年的历史。一年多以前我第一次到大同的时候，就感受到这个老店带给我的一些触动。凤临阁位于大同的市中心，大同的城市结构其实与当下中国的许多城市结构是一样的——旧的正在逝去，新的正在重生，所以我们该用怎样的态度去面对一家百年老店呢？一个历经百年的品牌，就好比是一颗老树，我们可以通过嫁接、引种，甚至是很多不同的手段让它获得新生，但一定不能让它还是那颗原来的树。这其间不仅仅是形态得加以改变，也需要发生一些质的突破，融入更多新鲜的元素。

当初我们搭建设计框架的时候，做过很多思考，包括空间、风格、以及北方的文化。中国的空间特点，如果只划分成南北两大块来看的话，南方的空间更多的是蕴含着一种江南特有的细腻，园林与风景的集合，很典型的代表就是我的家乡苏州，还有杭州。而北方的话，流露出来的就是一种气概，一种属于塞北的气概。在这种气概的表现里面，我提炼的特色是人。因为我在与凤临阁所有人，尤其是与侯总接触的过程中成为了很好的朋友，他的个性是非常醇厚温暖的。所以我们改造的关于凤临阁的一系列品牌，包括它旗下的凤临小阁、喜晋道与味庄店，更多的都是关于山西人情味的呈现。

我本身就是一个爱好美食的人，也做了很多年的空间设计。所以对于这一些列的品牌打造，并没有刻意地去想。因为我的从业经验与对品牌的了解告诉我，对于空间的创作就像是画一幅画，或者写一篇文章，是水到渠成的事情。每一种文化、每一个品牌都有不同的差异性，所以在这个过程中不仅仅有对功能考虑，也有对它原有闪光点与文化基础的扩大与衍生，而不是一种千篇一律的组合与再造。

不管是建筑、平面还是室内，每个领域所触摸的点都不同，每位设计师喜欢的东西也都有差异。所以我在做凤临阁这一系列品牌的时候，邀请了我的几位好朋友一起来做。赵清老师赋予凤临阁的形象是非常具有张力的中国味道；潘杰老师的图像，反映当地的人文与真实的生活场景；庞喜老师的特点是风雅，江南韵味十足，这种韵味与北方的特点结合起来，在整个空间里就能使人感受到南与北的交融贯穿，有更多丰富的层次，最后到达人心里最柔软的地方。这也是我的空间所呈现出来的大同味道。

赵清（瀚清堂设计总监）：大同对我来说是一个跨度很大的城市。大同首当其冲的特色应该要说到面食了，大概已经有两千年历史的山西面食文化在一定程度上也给予了我很多灵感，在我后期给凤临阁等一系列的品牌设计中，都有与之相关的视觉呈现。大同给人的韵味，是区别于南方的雄厚与磅礴。在见惯了南方的清淡与细腻之后，大同很容易给人留下深刻的印象，它就像中国版图里浓墨重彩的一笔，没有造作与矫饰，非常纯粹。这样的真诚刻在眼中，热情就自然从心底蔓延开来。

凤临阁是传统与经典的延续，值得在“凤”这个字上深入挖掘一番。凤凰本身就是一个十分具有中国风味与美好寄托的意象，“凤栖梧桐”、“有凤来仪”，当我的脑海中出现这些成语的时候，画面也就自然生成了。在凤临阁的平面呈现中，我主要是运用了汉字与图形的穿插。当然，既要是中国的、北方的，设计语言就不能像往常一样纤细与反复。山西自古有砖雕和木雕的文化历史，基于这一点，在视觉的呈现上我便采用了古朴与拓印的呈现方式，古今遥相呼应，既是传承，又是启迪。

凤临阁旗下有很多不同的品牌，对我来说，每一次品牌都是一个全新的东西。比如百花烧卖有着颠覆我们南方人观感的细腻，当时结合沈老师的定位与女性消费群的导向，凤临小阁的标志就相对要温婉一些，其中汲取了不少属于江南的韵味和思路，是一把纤细又潮湿的扇子形状。辅助图形则是花与女性的嘴唇，运用了大量柔美的线条作诠释，与凤临阁的笔触和格调是截然不同的。喜晋道主打面，从面食筋道的口感中置换出整体感觉，就是由“喜晋道”三个汉字形成的面条轨迹，经由这条轨迹而延续“面食之乡”的东方韵味。这三个品牌在表现手法上虽然大庭相径，但本质上还是围绕着大同文化这个大概念，从这个大概念中再衍生各个分支。拥有更加多元的形式，才能展现出一个更加丰富与全面的大同。

百年老店的复兴，不仅仅是一场二维呈现，更是一场三维结合。结合凤临阁的空间环境，我把三种图形大量覆盖在空间内，结合丝印、雕刻、打印等不同的方式呈现，再通过各种材质的雾化，贯穿在整个空间里面，包括名片、卡片、菜谱等一系列的VI配合，运用中国传统元素，再造凤临阁的新经典。

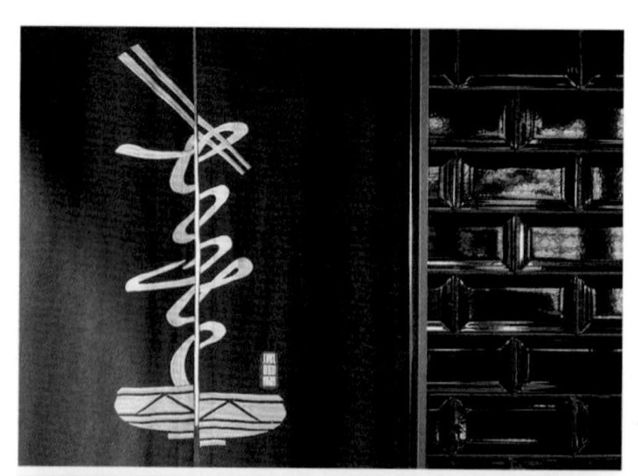

潘杰（智汇堂设计总监）：凤临阁百年老店的背后，是倚靠着大同的历史文脉。真是因为这些背景，才造就了凤临阁这样的传说。实际上我把一系列与凤临阁有关的故事重新拆开又组合，通过这样的形式去呈现出一个新的东西。现在的经典故事，实际上要从最广为流传的"游龙戏凤"的故事讲起。整个篇章也是从这个传说开始向下展开的。

在拍摄前期，我大概做了一个方向性的方案，思考怎么样把这个老字号厚重的文化底蕴表达出来。重生后的凤临阁并不仅仅是一个老字号的存在，其实是已经把它放在一个文化符号上去考量了。所以我们在拍摄这个片子的时候，最主要的一点就是考虑怎么样去呈现这种文化渊源，一种只属于大同的符号和标志。我一开始做的主题叫做"前世梦回，今生凤临"，想营造一种比较梦幻的感觉，目的在于传承与新生。其实意义是既要讲古老的凤临阁，又要说今生的凤临阁，比如凤临阁味庄店的打造，风格是年轻化的。这里面包含了承上启下的双重含义。

我更愿意把我的片子看成是一部带有传奇故事的情感片，但是这部影片里并没有主角。是通过各种元素各种画面去呈现内容的，这种类型的影片讲述的是人们的过去、历史上发生的故事，而我想通过情感的角度去表达，用自己的内心去表达对于历史故事的感受，像诗一样梦幻，却是带着温度的。如果作为一个拍摄者，能感受得到历史留下来的那种温度与感情，那我相信观看的人也会感受得到。

庞喜（庞喜 DESIGN 设计总监）：对于"凤临阁"品牌的塑造，我是以传统、雅致、文人调性入手，在这个基础上，再加上当代简约的设计手法，让具有内涵格调的东方主义语境在空间里交流碰撞。在我的想法当中，传统与现代的论调其实并不冲突。有的时候，融入在传统元素里的体验意境，配合以独具匠心的布局装饰，便能创造出独特又深沉的"新古典主义"内涵。

对凤临阁这个百年老品牌，在陈设思路上，我一直在中国传统与当代之间寻找一个优雅的平衡点，在当代的空间中赋予中国传统调性、植入优雅的生活态度，散发出充满了精致感的"中和"魅力。传达与陈设设计是两个不同的设计方向，但有一点不可否认，两者都需要很强的审美能力。陈设这个板块不但需要设计能力，美学基础兼艺术修养，还需要具有丰富的生活体验，了解基本建筑、环境、室内空间原理，熟悉基本搭配技法和施工原理，选择出适合项目特性的陈设产品，根据实际空间的风格给予合理的陈设摆放。如果内容过多不仅影响美观，还会造成格调下降、视觉疲劳。END

哥本哈根诺玛餐厅

NOMA COPENHAGEN

撰　　文　Arz
资料提供　BIG(Bjarke Ingels Group)

地　　点　丹麦哥本哈根
项目合作方　BIG Ideas, BIG Engineering, NT Consult, Studio David Thulstrup, Thing&Brandt Landskab
总负责人　Bjarke Ingels, Finn Nørkjær
项目经理　Ole Elkjær-Larsen, Tobias Hjortdal
项目负责人　Frederik Lyng
项目团队　Olga Litwa, Lasse-Lyhne-Hansen, Athena Morella, Enea Michelesio, Jonas Aarsø Larsen, Eskild Schack Pedersen, Claus Rytter Bruun de Neergaard, Hessam Dadkhah, Allen Dennis Shakir, Göcke Günbulut, Michael Kepke, Stefan Plugaru, Borko Nikolic, Dag Præstegaard, Timo Harboe Nielsen, Margarita Nutfulina, Nanna Gyldholm Møller, Joos Jerne, Kim Christensen, Tore Banke, Kristoffer Negendahl, Jakob Lange, Hugo Yun Tong Soo, Morten Roar Berg, Yan Ma, Tiago Sá, Ryohei Koike, Yoko Gotoh, Kyle Thomas David Tousant, Geoffrey Eberle, Jonseok Hang, Ren Yang Tan, Nina Vuga, Giedrius Mamavicius, Yehezkiel Wiliardy, Simona Reiciunaite, Yunyoung Choi, Vilius Linge, Tomas Karl Ramstrand, Aleksander Wadas, Andreas Mullertz, Angelos Siampakoulis, Manon Otto, Carlos Soriah
业　　主　Noma
面　　积　1290m²
开业时间　2018年2月

1 2

1.2 与环境交融的小屋

曾四次获得"全球最佳餐厅"的哥本哈根诺玛餐厅（Noma），曾于2017年关闭了其经营14年的老店，令无数食客扼腕叹息。时隔一年，在世人聚焦的目光中，由知名建筑设计事务所BIG负责主要设计的诺玛新店重新开业。它同时位于一处基督教社区内，所在场地原先是一个受保护的军用仓库，曾服务于皇家丹麦海军。整体形象由若干个相互分离但彼此联系的小屋组成，建筑之间拥有湖泊、草地、芦苇坡、小径，如同一处亲切的农家庄园，欢迎客人体验新的菜品和美食哲学，同时也重新定义了诺玛餐厅未来几年的形象特质。

设计师从北欧农场小屋中获得了灵感，结合现代化的造型和材质重新营造。传统餐厅的不同功能被分解，重新组织成彼此独立但相连的建筑集合体，来到这里用餐的客人不仅能品尝到诺玛一如既往的精致美味，更如同进入一处好友精心经营的温馨庄园。建筑群整体一共包含11个空间，拥有7个由玻璃屋顶状面板连接的房间，每个空间都是根据使用者的需求量身定制，同时用最适合的优质材料建造。厨房如同诺玛餐厅的心脏，位于核心区域，宾客到达区、休息室、烧烤区、葡萄酒区和私人用餐区都聚集在其周围。从这里，厨师可以概览到餐厅的每个角落，客人们也可以感受到食物"幕后"被创造的过程。

公共餐厅和相邻的私人餐厅由堆叠的木材建成，模仿了木材厂场地中整齐堆放的自然感受。明亮宽敞的天窗和侧窗，连接了室外的乐园。季节与天气的变幻、湖泊的水光、摇摆的芦苇，给客人们最返璞归真的感受。不同的区域之间，也有材质的微妙变化。白橡木贯穿整个用餐区域，休息室是由砖打造的带有壁炉的温暖空间。餐厅外部拥有三个独立的玻璃房，分别为花房、实验厨房和烘焙室。行走在阳光肆意洒落的明亮房屋之间，能够感受具有北欧特色的朴实材料和经典建造技术。长100m的单层旧仓库使厨房周围的建筑得到了进一步完善。原先的混凝土外壳被保留下来，并置入一个巨大的木制架子，用于存放和展示物品。42坐席的用餐区散布在具有当代风格的谷仓建筑中。食客们就坐在橡木围裹的环境中。

作为北欧新风系餐厅，在室内装饰上，诺玛依旧崇尚野趣、回归自然。各种风干的海洋鱼、干花、干草等海洋食材悬挂在墙壁上，中央交通空间的圆桌上摆放着众多如同实验室标本的玻璃罐子，里面装满了当季的新鲜食材，呼应了诺玛餐厅崇尚有机食物的理念。菜品依旧顺应时节，采集当季食物，美好的食物需要美丽的器皿和摆盘依旧延续了高标准，格外用心。餐厅摆放的花瓶由设计师Frederik Nystrup-Larsen和Oliver Sundquist制作，展现了熔岩般的肌理。顶棚中悬挂着巨大的艺术作品Conscious Compass，由艺术家Olafur Eliasson用浮木和磁铁打造，无处不在的艺术作品，体现了设计师和餐厅主人对于细节品质的追求。END

1.2 与环境交融的小屋

3 玻璃花房

4 不同材质间的变化与交接

1 | 3
2 | 4

1 不同材质间的变化与交接

2 玻璃屋面衔接了不同建筑体量

3 厨房是餐厅的核心

4 原生态的公共用餐区

格拉塞尔艺术学校

GLASSELL SCHOOL OF ART AT THE MUSEUM OF FINE ARTS, HOUSTON

摄　影 | Richard Barnes
水　彩 | Steven Holl
资料版权 | Steven Holl Architects（图纸、模型、效果图）

地　点 | 美国得克萨斯州休斯敦
建筑事务所 | Steven Holl Architects
主建筑师 | Steven Holl
项目负责合伙人 | Chris McVoy
高级项目经理 | Olaf Schmidt
项目建筑师 | Rychiee Espinosa与Yiqing Zhao (格拉塞尔艺术学院) , Filipe Taboada (Kinder Building, associate)
项目团队 | Xi Chen, Suk Lee, Maki Matsubayashi, Elise Riley, Christopher Rotman, Alfonso Simeo, Yasmin Vobis
助理建筑师 | Kendall/Heaton Associates
项目经理 | Legends
结构工程 | Guy Nordenson & Associates，Cardno Haynes Whaley
MEP工程 | ICOR Associates
气候工程 | Transsolar
照明顾问 | L'Observatoire International
造价估算 | Venue Cost Consultants
立面顾问 | Knippers Helbig
业　主 | 休斯敦艺术博物馆（Museum of Fine Arts, Houston）
建筑面积 | 93000平方英尺（约8640m^2）
竣工时间 | 2018年5月

1 预制混凝土塑造出几何形态的建筑外立面

2 整体模型鸟瞰

3 设计草图

格拉塞尔艺术学校作为休斯敦艺术博物馆的教学机构，也是全美唯一一所博物馆下属艺术机构。四十多年来，它作为休斯敦艺术社区中一个重要而活跃的中心，印证了休斯敦艺术博物馆致力于培养下一代艺术人才的承诺。校园的新大楼由斯蒂文·霍尔建筑师事务所负责整体设计，它包含格拉塞尔艺术学校新大楼，同时还有公共广场、大型喷泉、露天剧场以及屋顶花园。项目不仅对博物馆园区进行了扩展，也进一步完善了社区的开放性体验，在校园整体公共空间布局中起到了关键作用。

建筑平面呈规整的L型，围合出布朗基金会广场，延伸了野口勇（Isamu Noguchi）的卡伦雕塑园（Lillie and Hugh Roy Cullen Sculpture Garden）空间。立面造型呈现简洁的斜面，沿着坡道能走向可俯瞰整个校园的屋顶平台，在那里可以饱览整个休斯敦艺术博物馆园区。斜坡也成为建筑与校园环境连接的通道，两处重要的功能也在此串联，即位于斜顶底部的露天剧场和顶部的 BBVA Compass 屋顶花园。建筑的水平动态布局、透明度及通透性将与新博物馆相结合，创造一处充满活力、启迪心灵的全新城市公共空间。休斯敦的丰富植被、清爽的音色与水中的倒影也成为新校园艺术诗意的体验。

结构上，在得克萨斯州韦科市制造的预制混凝土结构元素支撑起各层楼板，并塑造了外立面的实体部分，呼应了屋面的倾斜角度。建筑主入口位于L型的内角，外部结构的开放和解构性突显了这个入口。L型角上顶部的切口将入口内侧的中庭空间在垂直方向上与屋顶花园间接、曲

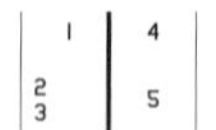

1 L 型建筑围合出公共空间

2.3 室内效果图

4 屋顶平面

5 沿街立面夜景

折地连接起来。

材料上，从屋顶斜面开始排布的预制喷沙混凝土板结构赋予了建筑内部简朴和率直的精神，混凝土面板与巨大的半透明面板交替穿插，为工作室提供了理想的漫射光，也对毗邻的雕塑公园进行了影射，沿袭了密斯·凡·德·罗在基地西南侧既有建筑的设计精神。作为教育类建筑，这种结构即空间的设计手法展现给人们建筑是如何被建造而成的，正如温斯顿·丘吉尔（Winston Churchill）所说："我们先创造了建筑，然后建筑塑造我们"。当夜幕降临，从内部亮起的光线，使整体呈现出充满几何张力的现代雕塑感。

在功能上，这座 3 层建筑包含丰富的工作室和活跃的社交空间。大学部核心课程和初级中学部共同使用 23 个工作室，还有 8 间课程研究员的工作室，所有这些都经过了精心设计，空间灵活、光线充足且空间比例适宜，另有为学生与校友用于展览的公共展厅、中庭空间阶梯式多功能空间、75 座报告厅以及咖啡吧等。主入口正对着中庭空间，其中的大阶梯形成了一个非正式学习空间，向南侧的 75 座报告厅开放。同时，建筑包含了多处展览空间，分别为在首层可以看向校园广场的咖啡厅空间、斜屋面底部下方通高的教育展示大厅、连接通向二期 Nancy 和 Rich Kinder 博物馆大楼的地下通道以及中庭空间二层展厅。

新大楼投入使用后，将以孩子的暑假课程为开始。休斯敦艺术博物馆格拉塞尔艺术学校旨在覆盖各个年龄段，从幼儿到老人都能积极地接触、参与、创造艺术，从而对城市的发展起到积极的作用。END

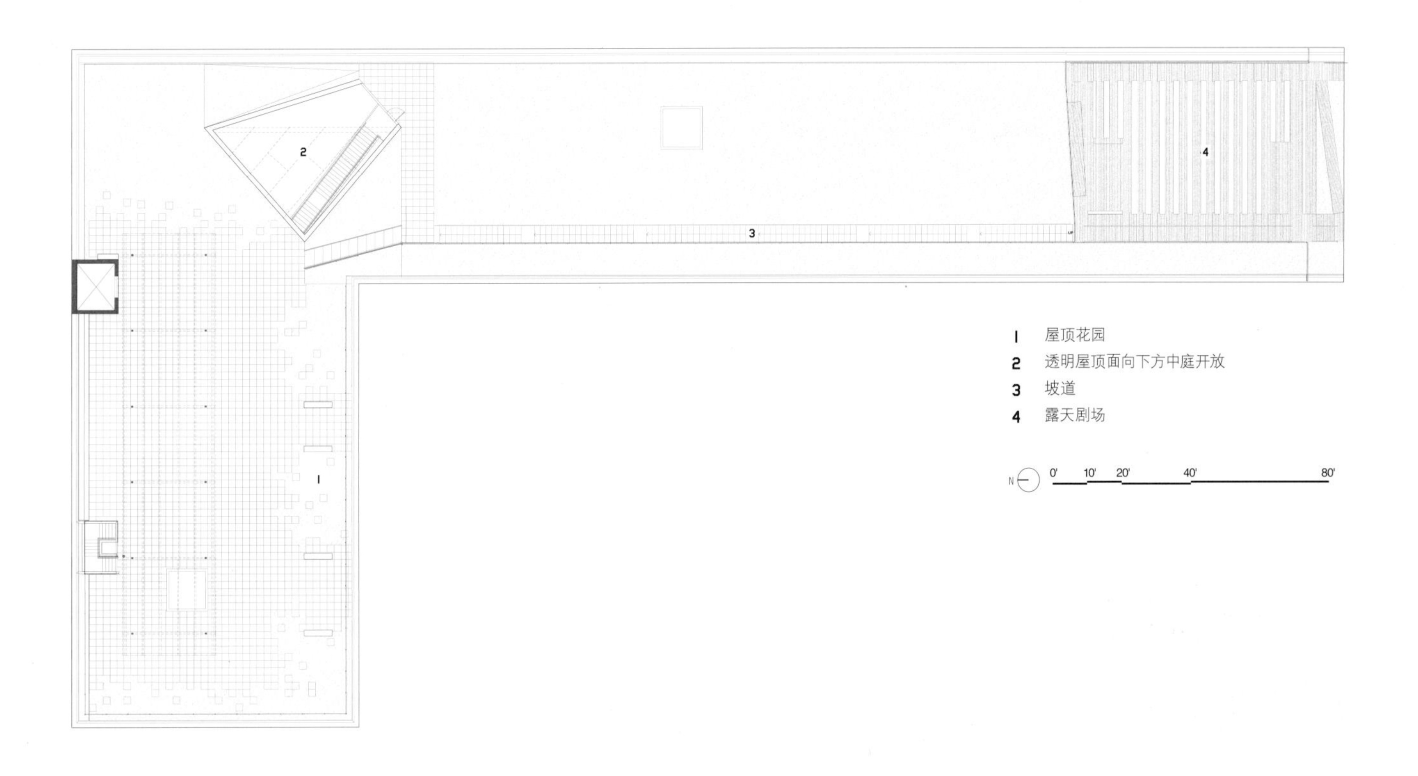
1 屋顶花园
2 透明屋顶面向下方中庭开放
3 坡道
4 露天剧场
N
0' 10' 20' 40' 80'

1	3
2	4

1 倾斜的屋面造型连接了地面与屋顶空间

2 剖面图

3 中庭公共空间

4 教学空间

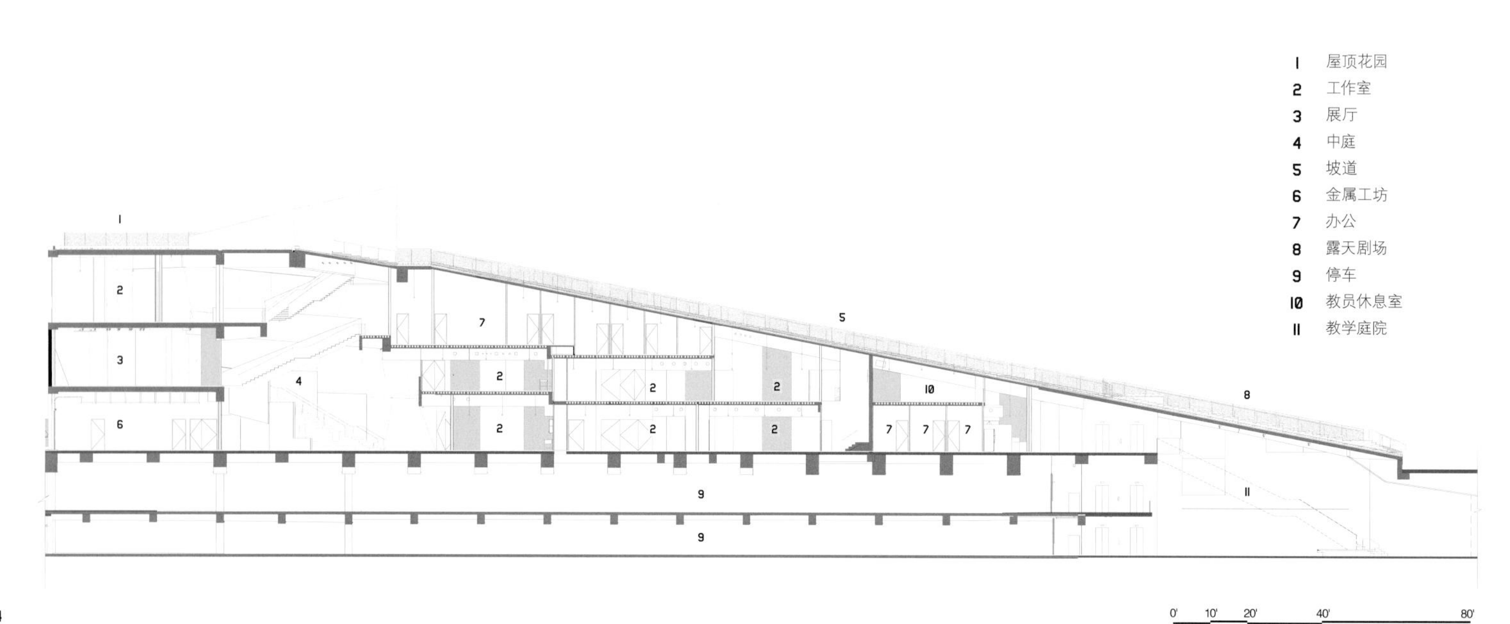

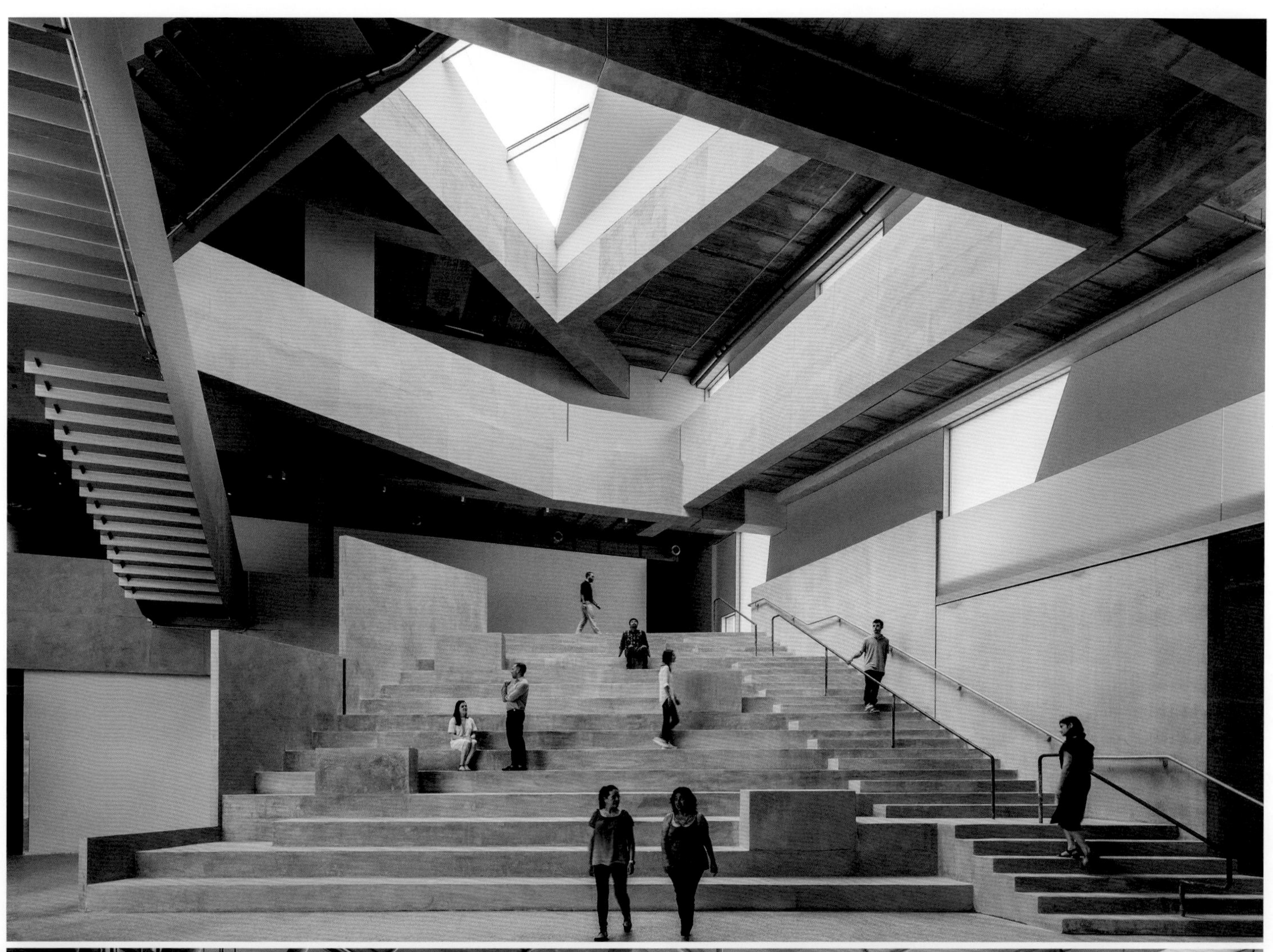

小岞美术馆
XIAOZUO ART MUSEUM

摄　　影	曾仁臻、杜波
资料提供	董豫赣工作室

地　　点	福建省泉州市惠安县小岞镇
项目建筑师	董豫赣
设计团队	杜波、朱熹、钱亮、王娟、陈录雍
项目功能	美术馆+配套咖啡厅、餐厅
业　　主	泉州市大港湾旅游投资有限公司
建筑面积	5157m^2
设计时间	2017年4月
竣工时间	2017年7月

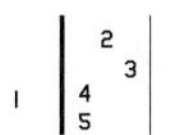

1 细节
2 美术馆
3 鸟瞰
4.5 施工过程

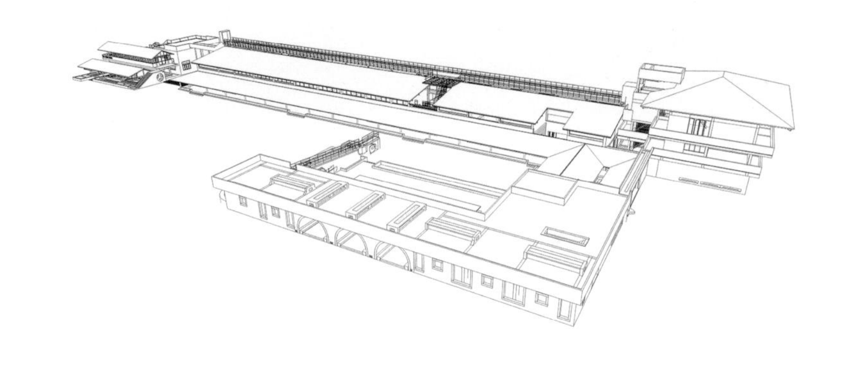

小岞美术馆设计的起点是100m×20m的旧厂房，厂房坐西朝东、自北而南向海湾纵深。美术馆主场馆因循原厂房的空间特征，做出相应改造。主入口自东而入，正对原厂房锅炉台改造为服务台，于此区分了南北——北侧为研讨厅，朝下挖出"大地艺术"般的"地坑"形成特殊的会议空间；南侧为"屏风展廊"，朝向外部风景，摒弃美术馆固有的封闭模式；再南侧为"大展厅"沿袭原厂房仓库的高大空间，可供大型展览。美术馆东侧自原厂房东墙延伸出风雨廊，纵贯整个南北场地。

南部咖啡厅改造自锅炉房，锅炉房内部原有铸铁锅炉一座，通过将锅炉内部炉渣掏空、上部圆顶削平，形成独特的雅座空间，并于锅炉房内部加建钢木结构阁楼，利用原有工业旧料重新设计，做出诸多有趣细节。咖啡馆南侧原为煤堆场和过滤水池，改造为庭院和水景。

东部拱洞山台源自厂房内部一根20m吊车梁，将之从厂房内部迁移出来，改造为20m大桌面，围绕桌面设计了一系列拱洞餐厅，拱洞屋顶和大桌面周边种植树木花草，形成阴翳环绕的集会场所。

北部原有2层小楼，故改造为美术馆配套办公，一层毛石砌筑厚墙作为仓库，二层以上层叠出挑。小楼与美术馆之间有楼梯可登顶，楼梯尽头设置方框洞口，朝南可踏上美术馆屋顶。美术馆屋脊上铺设观光走道，可从北部阁楼朝向海湾方向行进，到达咖啡馆屋顶，自大楼梯朝下可到达南部的庭院与水景。END

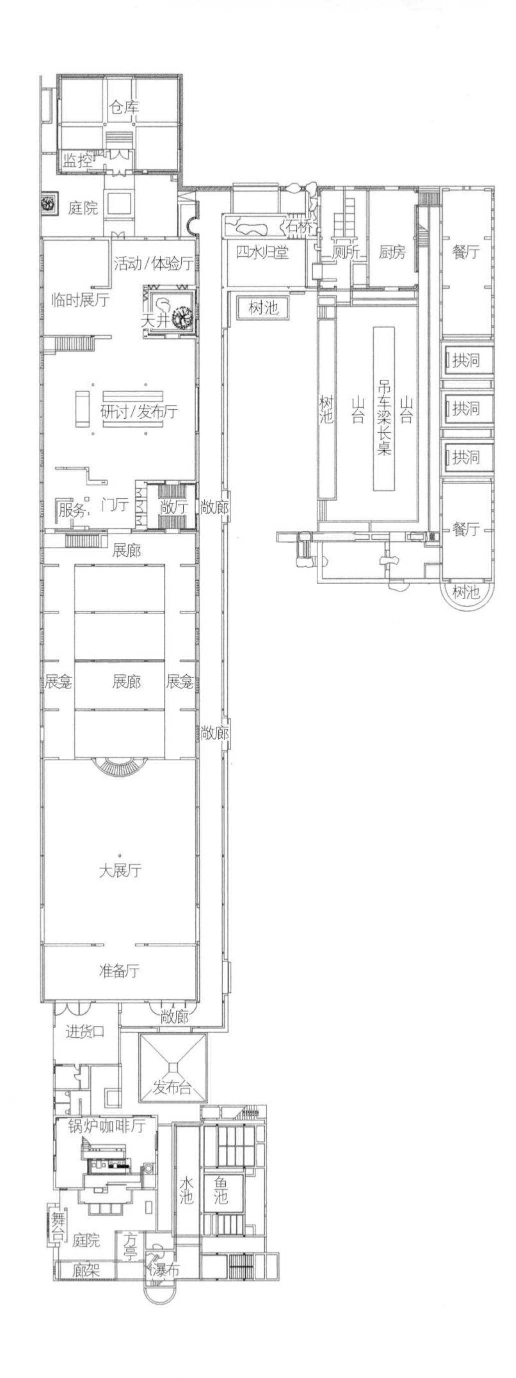

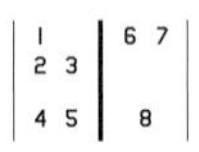

1 美术馆外立面

2 美术馆廊道

3 平面图

4-8 美术馆

| 1
2 3 4 | 5 |

1-4 咖啡馆
5 美术馆

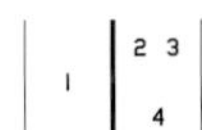

1-4 展陈空间

“南王北柳”对谈中国设计教育

文字整理 | 徐明怡
资料提供 | 湾区设计学院

20 世纪 70 年代末，中国现代设计在国内崛起，当时国内有个说法，叫做“南王北柳”，
“柳”就是柳冠中，“王”就是王受之。
此次，湾区设计学院邀请了这两位中国设计教育界的开山人物进行了对话，
就中国设计教育侃侃而谈。

王 = 王受之
柳 = 柳冠中

王受之

国内现代设计和现代设计教育的重要奠基人之一，在美国从事设计教育30多年，教学经历几乎遍及美国所有艺术设计高校。1987年作为美国富布赖特学者，在宾夕法尼亚州立大学西贾斯特学院和威斯康辛大学麦迪森学院从事设计理论研究和教学，1988年开始在美国设计教育最权威的学府——洛杉矶帕萨迪纳艺术中心设计学院担任设计理论教学，1993年升任为全职终身教授。

柳冠中

清华美术学院责任教授、博士生导师，中国工业设计协会荣誉副会长兼专家工作委员会主任和学术委员会主任，被誉为“中国工业设计之父”。曾作为主要设计者，完成毛主席纪念堂灯具设计并主持工艺、技术实施。其“节点”设计获西德国家专利局实用新型专利并获得轻工业部首届工业设计一等奖。
他筹建了国内第一个工业设计系，创立了“方式设计说”、“事理学”理论、“设计文化”学说、“共生美学”、“设计学”、“系统设计思维方法”等理论，被世界先进国家该学科理论界承认及引用。并成为中国设计学科的学术带头人。中国一大批各行各业工业设计界的领军人物皆来自他的门下。

留学

王 柳老师，请问您是哪一年去德国留学？在什么地方留学，跟随哪个老师，学到什么，什么让您最为震撼？

柳 这一段经历还是非常有意思的。1981年，我从北京市建筑设计院回到工艺美院，在工艺美院读研究生。因为当时正值"文革"后，工艺美院缺师资，要我回去，建筑设计院不放，而我是学室内设计的，学校就想办法招我为研究生。所以，在读了两年研究生后，学校在毕业时派我作为访问学者到德国去，当时访问学者是两年，后来延长了一年，我就在德国待了三年。

王 这是1981年？

柳 1981年4月份。我当时出去学了三个月德语，就进入了斯图加特的艺术与装饰学院，印象十分深刻。到了德国，就是到处看，根本没思考，后来才慢慢回过头来，因为回到学校后要成立工业设计系，如果回来只是当一个老师，可能跟现在的我完全不一样。因为回来就要当系主任，思考的问题就不是上好一门课了，要思考这个专业怎么搞，所以这才回头看我在德国经历的事情，才看出它的作用和意义。所以现在我的看法是，我们出国的人很多，光看是不解决问题的，你看到的东西和事实是不一样的。

我现在做报告不是经常说"耳听为虚，眼见为实吗？"眼见不为实，背后的才是真正要沉淀的东西。我们国家改革开放40年，我们眼见了很多东西，眼见背后怎么样？现在要转型，这就是在思考了，也许某种程度里有理论的重要性。我们在座的都学过画画，在没有学过色彩知识的时候，你去写生，顶多是深绿、浅绿、深黄、浅黄，学了色彩知识之后，你马上就知道其他的颜色，在没学的时候，你根本看不到，这是很重要的一点。

我当时在德国斯图加特，这是一个汽车城。我第一次参观时，就觉得非常震撼，也很奇怪，为什么这里每个办公室都有亚洲人，每一个流水线的工位上也有亚洲人。我说，中国人真了不起，我们是第一批出来的，居然已经有这么多人出来了，但是仔细一问，了解到他们是日本丰田的人。

这就值得我们思考了，为什么强调这个？我们现在仍然还是小生产意识，都强调个人。丰田一年派100人，形成团队过去的，有高级工程师、一般工程师、车间管理人员，也有操作工。他们做了三年计划，你说这三年300人回去干什么？他绝对不只是几个技术、几个技巧的掌握，它是带着一个结构回去的，所以丰田后来一下子就发展起来了，当时没想这么多。1984年回来之后，1987年再过去，我发现那些工厂里怎么还有亚洲人，后来了解到是韩国现代的人。我们中国现在还没有派这样一些基层的员工，我们派出去的都是研究人员、教授。

现在中国的设计专业成天讲元素、技巧、知识，这是我们目前最值得思考的，我们国家从晚清开始就派留学生，都是个人，到现在仍然是个人。

王 精英。

柳 都是精英，人家是梯队，是系统，是整体，是结构，是机制。所以在我们国家这个问题一定要解决。我们总崇尚十年寒窗苦，考上状元，娶一个皇帝的女儿，一步登天，都想着自己升官发财，忘掉了一个社会的整体，这也是我们设计教育目前面临的深层次的问题。

王 您作为一个访问学者进入到斯图加特设计学院的课程，您觉得和中央工艺美院有没有什么很大的差别呢？因为你原来在中央工艺美院是上过四年本科的，现在到德国去读研究生，有什么让您印象极为深刻的吗？

柳 这又是一个非常重要的话题，也是目前设计教育存在的问题。我当时去做访问学者，回来是要有所作为的，我就从一年级开始，就跟我们一年级一样。他们高中生毕业进到学校，知识或者水平都有限，他们的教授给他们上课的时候，就坐在讲桌上，没有像我们的教授那样端坐在那里，他们就跟学生聊天，聊半个钟头，你从哪儿来的，你喜欢什么，快下课的时候才说正题，布置一个作业，每个人到学期（一学期16周）结束的时候要设计一个鸡蛋盅。我当时就在想，要是我设计的话，两三天不就做出来了吗？对中国学生来说就不适应这种模式，但他们德国的学生，因为也是高中生，也不了解，教授要求下个礼拜碰头的时候，每个人拿出16周的工作计划。

他们上来就做计划，不像我们，一下子钻到一个造型、一个材质或者一个技术里面，他要把你的思路理清，就是我们现在讲的写论文破题，你怎么认识这个麻雀蛋小却五脏俱全的课题。引导学生整体、系统地看一个东西，而不是从结果来看，注重的是过程训练。

所以每一周教授会和学生谈一次，引导学生你该做什么工作，该做哪些事情。最后16周结束，每个学生面前一排鸡蛋盅，不是画的，有注塑的鸡蛋盅、吹塑的鸡蛋盅、玻璃的鸡蛋盅，也有钣金冲压的、木头的、金属制造的、纸的鸡蛋盅。这个训练是整体的，我们现在讲程序、材料、人机学，他们根本没有这个课，但每个礼拜有两个下午讲座，讲座就是讲这些，请的是社会上的人来讲，学生听了讲座就在课题上落实，找他的解决方案，或者说结合它的课题。

到第二学期，又是一个16周的课题，设计小刀。因为鸡蛋盅只是一个材料，第二个课题就复杂了，并不是本身复杂，而是一个是刀刃，一个是刀把，一个是跟人接触，一个是必须要跟被切割的东西接触。

王 两种材料。

柳 对，它要结合，它有材料过渡、人机过渡、结构过渡、工艺过渡，在这个小课题中，学生拿出来又是一排刀，有剁肉的刀、剃骨头的刀、美工刀等工作用的刀。

第三学期，让他们设计一个手电钻，最后每个人做了一个手电钻出来，可以在墙上、木板上打洞，是真的都要做出来的。7个学期，7个这样的课题，你想学生还要实习吗？到了工厂还需要重新学吗？不需要了，他学到了基本的流程，知识是自己找的。这是我回来之后的体会，现在认识到的，就是不灌输知识，你自己找知识，但是我给你提出目标，你在过程中运用你所有学的技巧、知识，不断地用，不断地熟练，永远不会忘。他也要素描，也有制图，也有材料学、人机学，都结合在这些项目里面，7次的重复训练，越来越复杂。

王 最后有多复杂，你能记得吗？

柳 最后就是一个太阳能的旅游船，从原理到做出船来，那些老师毕业设计的辅导只是点拨，从来不像中国的老师这么辛苦。他们是调动学生的自学能力和扩展能力，这是他们大学强调的，不是强调技巧，技巧永远是以服务为目标。

所以这才回过头来联想我们对基础的认识，什么是基础？我们的基础到现在还是中国传统的，“拳不离手、曲不离口”，都是技巧，而思想方法、扩展的思维能力没有学会。我的这一看法可能会得罪人，我们毕业之后经常要回炉、进修，这是教育的失败，社会上这么多知识，还需要去培训？还需要到教室？你在大学四年，任何课程、任何作业都是训练能力的机会，不是为了100分，可是我们奔的都是100分，为了展览好看，所以现在我们的设计院校，95%以上的学校的毕业设计展在国际上都可以拿奖，但是都是商业模型，都是手板，都是3D打印、CNC做的，你自己什么都没学到。

我们清华2010年有一个本科生考上了英国皇家艺术学院。一个学期下来，他拿着作业进到展览厅，为了显示自己认真，他跟同学说，我这个模型花了100多英镑。让老师听见了，老师说，你今年的课白上了，明年重修，你什么都没有学到，你是3D打印的。我们现在不都是3D打印吗，都是CNC吗，真是都自己做的吗？我们做设计的模型，绝对不是手板，那是商业模型，设计学的是过程中的模型，原理模型、结构模型、工艺模型、人机模型、心理学模型，或者是尺度模型、色彩模型。

为什么16周做一个设计？这个模型都做了，过程中起码有七八种模型，模型是设计师或者学生跟自己探讨的过程，是跟老师交流的过程，而不是给商家、给老百姓看的东西，我们全误会了，都要结果，结果展览很漂亮，然后贴个牌子“不许触摸”。那就是搞展览，只是给别人看的，背后没有支撑点。

王 柳老师讲的这一段我很有体会，因为我在美国教书的那个学校，汽车设计系在美国算是数一数二的，那个学校叫做艺术中心设计学院，他们的汽车设计班有一个设计摩托车的，他们是14周要交一个作业，就是14周做一个摩托车，中国的摩托车设计是最后画出来一张图，打出来3D很好看。我们那个课最后是16个学生骑了16辆车到学校来打分，都是自己手工做的，我觉得那跟我们教学的差别非常大。

我们现在连边都还没有摸上，所以不要整天说我们的设计教育达到国际水平，我跟柳老师有同样的观点，连边都还没有摸上，别看这些热闹。

下面我还是继续想问问柳老师，您在那边读书，我知道您有一个很好的老师——雷曼教授，后来您也让他回国，我也见过他，雷曼教授对您个人有多大的影响？

柳 说起我的老师，我觉得他值得我一辈子敬仰、一辈子学习。大家知道雷曼在国际上都是有名的，他不光到中国，还到美国、阿根廷、古巴、印度尼西亚、日本工作过，是一个国际性的教育家，他一直强调的就是方法引导。

他说他们系的构成是，这边是图书馆，那边是车间。学校里面学生没有自己的桌椅，三年级跟一年级共用一个教室，是交流用的，没有固定的位置，三年级的学生可以引导一年级，四年级跟二年级在一个教室，大家在里面聊聊天，放放书包。而每个车间里都有一个工位，就是你有一个想法，就到车间做。

我当时做那个鸡蛋盅，我在画的时候，雷曼老师说，今天开始不许你画，你有想法就到车间去，你有想法就做出来，逼着我只能去做。所以后来我做的设计，都是在过程中想出来的方案，不是画出来的。工艺有问题的，我解决工艺问题，材料有问题的，我解决材料问题，使用不方便，就从使用角度考虑。

再有一个有意思的地方，那里的教授，像我们这样的规模，中国的教师起码有十几二十个，他们那个系里面每年进来二十个学生，教师只有两个，所以老师不可能给你上那么多课，都是靠兼职，他只是引导，做一个总监，过程都是别的知识结构补充。

所以我离开德国的时候，老师请我吃饭，他讲了这么一个游戏，这个故事我不知道讲了多少遍了。他说，在欧洲有这么一个游戏，在足球场这么大的空间，随便扔一根针，让人来找针，看不同的人用什么方法，就能看出学生的能力。

王 这个很难。

柳 旁边还搁了一桌吃的、喝的，他当时打比方，找典型人。他说第一个进来的是英国人，英国人比较规矩，比较保守，但是很守规矩，叫他找针，他就非常认真地低着头、弯着腰在足球场转。最后觉得实在找不着，他看见吃的，他也饿也渴，因为没有人请他，他也没去吃，他说："对不起，我没找着针"，就走了。当然是打比方，生活中有这种人，很认真，很刻苦，但是没动脑子。

第二个进来的是法国人，法国人给人的感觉是很浪漫，叫他找针，他进来找了一圈，就到旁边又吃又喝，然后抹抹嘴说，我没找着，因为他认为找针这件事情没有意义。

第三个进来的是德国人，他当然说德国人强。德国人进来以后，叫他找针，他也看见吃的、喝的了，但是他没有马上找，他回过头来问游戏组织者："我可不可以提问题？"这就是有思考了，我们经常不问。游戏组织者说："可以，我叫你找针，没有说不允许提问题。"他说："我要求给我一根棍子。"你们想，找针和棍子有关系吗？你们可能觉得没关系，但是其实是有关系的。拿了棍子之后，他在球场上打格子，这就是磨刀不误砍柴工。不管是1m见方的格子，还是2m见方的格子，人判断这个空间有没有针是能判断出来的，打格子可能花了四五个钟头，但找针累了又有吃有喝，最后肯定他能找到针。

雷曼教授讲完这个故事后我想了半天，我们从小没有人这么教过，都是叫你聪明，要脑洞大开，要灵感，要去查资料，都是模仿，没有自己思考。所以当时我听了之后非常感动，我回到国内四处用这个方法，后来发现不灵。

1987年，我再次到德国，跟雷曼一块儿，我请他吃饭。坐下来以后，我突然说："第四个进去的是中国人。"他当时没有理解，后来一下想明白了。他说："我很关心，中国人怎么找针？"

我说，我们中国人进去跟你们一样，没有马上找，也是提问题，我们提的问题是："谁扔的针？是大力士还是小孩？是站在足球场的哪一点？朝什么方向？用什么动作扔的针？"问完，我再看是要工具还是不要工具。

我讲完以后，我的老师大概有一分多钟没说话，他说中国人还是很有思辨能力的。大家想想我们真思辨吗？我们跟惯了，离开了拐杖，现在走不了了。我们改革开放、解放以后不都是靠引进吗？

所以今天的对话，就是要思考我们的设计教育。我们也是引进的，我们到底要做什么？我们引进了以后就躺在引进的这条路上走了，不知道自己再去认识了。我没有做过统计，但是有一个感觉，改革开放以后，或者解放以来，我们凡是引进的工业，基本停留在引进的水平上，因为有了拐杖，我们不思考了，跟着走就是了。但是，凡是我们引进不了的，现在都可以拿到世界上跟人家比一比。什么原因？中国人不笨，中国人很聪明，因为有了压力，没有可模仿的，我们必须自己干。而我们的教育要培养这样的人，不能仅仅培养一个白领打工者。

这个问题，我觉得我们的设计教育就要思考，你看我们一年毕业的设计类学生，大家可能不知道这个数字，我一说给外国人，他们听了之后都很惊讶，我们一年毕业的设计类的学生，各个层次的一共有 60 万。这 60 万人都在做什么？都在最底层。

我们设计教育 30 周年了，但我们的设计学科的系统没搭出来，我们都在表现个人的能力、个人的聪明才智，都在挣钱，这是我们目前最重要的问题。我们培养什么人才，什么叫人才？当然这个话又多了，展开又有很多话要说。

建系

王 我下面想问问柳老师，您从斯图加特三年访问学者结束了以后，又认识了雷曼教授，那您回到北京，按时间想应该是 1984 年。

柳 1984 年回来的。

王 1984 年回来之后，您就成立了工业设计系，我想请您给我们回忆一下，这个设计系是怎么建立起来的，当时有多少老师，开了一些什么课，为什么没有把雷曼教授那套东西完全植根到中央工艺美院，您回忆一下草创工业设计专业的过程吧。

柳 这又是一个很长的话题。1984 年年初，国内发了一个电报叫我赶紧回来，我当时也不知道为什么叫我回来，反正很听话，我就回来了，回来之后也没说什么事，就让我上课。因为我回来的时候没有接触到南方已经有“构成课”引进了，我就把德国学到的基础课拿来上。在上课的过程中，别的系，平面系也好，服装系也好，都在上“构成”，而我这里没有上“构成”。因为我没学构成，我就教整体地、系统地认识设计。上的过程当中，反响就很大，我当时组织完第一次课之后就答辩，答辩是全校公开的，所以大家的反响很大。

王 那时候就叫工业设计系。

柳 那时候还没叫工业设计系，叫工业造型专业。到 7 月份放假的时候，说要组建工业设计系，8 月份正式成立，然后就任命我当系主任。后来，从日本回来的一个教授当了副主任，这对我来说是一个压力。整个 7 月份我就看了三本书，因为我要当系主任，我不知道怎么干，从小到大，我的出身并不好，都是当一个乖学生、好孩子，从来没有当过干部，不知道怎么干。我当时看的这三本书对我现在一直起作用。

王 还记得是哪三本书吗？

柳 一本是《伟大的探索者——爱因斯坦》，这是励志的书，这本书我全部都划了重点，他为事业，不是为名、不是为利，而是探索、好奇。而我们现在是这样吗？我们都是为了名、为了利，所以不可能坚持，这一点对我教育很深。

第二本书是贝塔朗菲的《一般系统论》，这是 200 年前瑞士的生物学家写的。他告诉我，这个世界是系统的，离开系统的结构元素是毫无意义的，可是现在我们都在讲元素，就是不讲系统。这本书对我的教育意义很大，我为什么一开始就提出设计是系统设计，基础不是绘画、色彩、构成，而是设计的基本系统。设计不是孤立的，孤立讲美是造型，它是商业要用的，而设计不是追求这个。所以我们的设计教育问题很大，到现在我们还在追求表面的东西。

第三本书是在一个旧书摊上买的，解放军出版社 1980 年出版的《关于人为事物的科学》，这是一个经济学家写的，得了诺贝尔奖的。

所以，一上来我就把最关键的课给它改造了，把我们所谓的色彩课都去掉了，就上综合造型设计基础。任何造型必须受材料、工艺、技术或者是原理的制约，它的美是整合的。当时，我正好参加国内一个美学会，我就大谈设计美，不是形态美，不是技术美。当时有人提出“技术美学”，我觉得“技术美学”不对，技术本身没有美与丑，技术永远是工具，而去解决了问题，让人们感受到了反馈，这才是美，否则不叫美。我们中国人往往把感官的东西当美，所以当时我就写了一篇论文，就是《共生美学》，讲的就是这个。什么是美？悦目、悦耳的东西不一定美，它只是感官刺激，很新鲜，但是美不美不一定，也可能是丑，也可能觉得有病。你要今天这个场合穿了一件礼服进来，你说是美还是丑？你觉得有病，他在舞台上很美，但是在这个场合就不美了，大家会觉得很奇怪。

美是精准反馈，不是客观存在。客观存在的只是高科技，更高、更快、更强，但是我们要不要更高、更快、更强？所以我一开始就建立一个课程体系，当时建了几个课，一个是“设计概论”，一个是“综合造型设计基础”，还有一个是“设计程序与方法"，这三门课是重新建的，然后再谈人机学。当时我的课就不叫"人机学"，叫"人机学应用"，我们不是建立人机学的，我们是应用人机学。比如说，你问我这个沙发舒服吗？人机学可以很舒服，但是人是活的，我5分钟之后一动，它就不舒服了。

所以我必须强调知识，知是静止的，识是运动的，绝对没有现成的人机学提供一个标准数据，你用这个数据就傻了，一定要研究人、研究行为，这是设计的本，而我们现在被技术、材料、装饰引导，这已经不是设计了，我们现在成天讲得好像很时髦，其实离设计还有相当一段距离。所以我们的创新，怎么理解新？比如说新材料，它对人不一定好，还有新药，它不一定治病，而是要对症，这就是一个适应性的行为，对你适宜，对我不见得适宜，这就是研究人，所以这个课题，我们中国现在并没有真正解决。

王 我下面的一个问题就是想问问你们的教学，我还是盯着那个历史的脉络。您回来以后，当时，中央工艺美术学院、广州美术学院，或者是无锡轻工业学院所谓的设计改革都是改三大构成，而不是真正的设计系统，我身在其中，知道这一点。中央工艺美院其实也有一帮人在改构成，他们用了很大的力量翻译了一些国外的书，您在改革的过程中，怎么处理这些老师之间的矛盾呢？

柳 你要改革，要有新思想进去，就要讨论。当时工艺美院平面系都在上三大构成，而唯独我把三大构成取消了，只有综合造型设计。这样有的老师就不痛快，我就给他开讲座课，因为他们在讲座的过程中自己都承认，当时电脑都出现了，他说用电脑之后，三大构成没必要上了，它的变体比手绘多得多。

所以，我当时跟老师们说，三大构成是艺术基础，而设计基础跟它的不同在哪儿？艺术基础是不怕矛盾，设计基础要赢在矛盾上。我培养的是设计人才，我必须在矛盾中培养他，而不是在理想状态中培养他，所以我就坚持下来了。到现在，我们工业设计系也没有三大构成，别的系都有，只有我们的工业系不上，我们学综合造型基础。

王 这个根源就在您这里。

柳 当时雷曼来参观了各个系，看哪个系上"三大构成"，然后别的系就介绍，这个构成课程是从德国引进的。雷曼说，我们没有构成课，这是个天大的误会。德国的包豪斯传到美国，美国传到日本，日本传到香港，香港传到内地，就变成了"三大构成"。

实际上，我认为"三大构成"并不是解决矛盾，而是讲究变化，变得越多越好。而设计的变化是受制于限制的，所以我们培养的就是限制项，就是戴着镣铐跳舞，不是去跳一个自由的街舞。所以工业设计的难就难在它要解决问题，它是受限制的。

王 当时我们的现代设计教育在中国的路径是三条。一条路径是江南大学的路径，因为他们有两位老师到日本留学，日本人的特点就是很容易把简单的问题复杂化，这是日本人的思维方式，本来一个事情比如说在德国可能就是材料研究、综合基础，日本人把它分成若干项，把它分成了构成，还不止"三大构成"，后来还有"光构成"之类的东西，通过他们就到了江南，所以在华东地区很流行。

第二是这一派思想到了日本，日本到了台湾，在台湾翻译完了之后到了香港，然后香港的一群设计师，包括靳埭强先生，就把这本书带到广州美院，所以广州美院也在大搞构成，并且把构成和现代设计划了一个等号，搞构成就是做设计，不搞构成就是不做设计，你是构成派还是传统派，好像就变成这样。我去广美的时候就遇到这种情况。中央工艺美院的情况就比较好，因为柳老师从德国一口气回来，就没有成立这个"三大构成"，所以一口气就成立了设计的系统。

柳 在学校里受排挤，很难。当然我在这里说就不太好，当时我是差一点挨批判了。

王 就是没基础课。

柳 当时史论系组织了一个题目——论工艺美术前途。有一个老师让我来发言，我当时就讲了工业设计。没想到讲完之后，第二个发言就是批工业设计，批柳冠中，第三个又是这样，亏得史论系的老主任站起来了，他不知道背后的组织，他说，今天我们议的是工艺美术前途，干吗要批工业设计？这一句话就把这个批斗会打散了。

大家知道我出的第一本书，不是出版物，是《设计文化论》，在党委叫"黑皮书"，因为它的封面是黑的。当时跟中央电视台拍的录像片《设计的文明》，动乱开始之后，所有的节目都停了。中央四个台反复播这个，因为这个节目在之前我交给党委审查了，党委说不行，不能发表。但中央电视台不管，把它发了。结果后来播了一个月，每天都是讲那个，谈我们中国往哪儿去，设计到底是怎么回事，不是我们想的工业美术的延长、工艺美院的一颗新芽，不是这么回事。这是两种观念，一个是手工艺的社会，一个是工业社会，它的经济基础不一样，生产关系不一样，现在这个问题仍然没解决，现在我们仍然是在手工艺的思想基础上搞设计。所以设计教育在中国，我觉得任重而道远。

王 我现在还想问一个比较个人的问题，您可以选择不答，但是我还是希望您能答。筹建工业设计专业的另外一位王明旨老师是日本留学回来的，你们是共同筹建了工业设计系，我就想了解，您和王老师所受的教育有没有相似的地方？有没有什么不同的地方？其实我是想知道日本和德国的教育有没有差异？

柳 应该说，从工业设计的角度，日本的水平和发展中的我们基本上都是在正常健康的道路上，所以我们俩一块儿搭配的时候，概念基本上是一致的，没有什么分歧。当然我是系主任，可能我的意见更强一些，而且我这个人口气上比较强势，王老师比较有内涵，他不一定完全赞同，但是基本上比较融洽。

但是后来由于各种关系，王老师当了副院长了，可能是从全局的角度考虑，工艺美院不光只有工业设计学院，他要关照到其他的学科，步子不能迈得太大，所以从工艺美术全局的角度，他有他的一些主张，自然就会有些区别。应该说我们在合作期间还是很愉快的。毕竟都是现代设计，日本也是讲的现代设计，所以没有什么分歧。

王 下面我想了解一下中央工艺美术学院到了2000年以后，你们的工业设计教育。您在位上和王明旨老师在位上，有什么值得我们学习的重大教育改革的步伐和成就？因为我们在外面不是很清楚，所以想请您讲讲，工艺美院取得了什么成就？

柳 这一点的确我是一直有自己的想法，我们在工艺美院得到了很多的熏陶，它做了一件非常了不起的事——它把艺术、设计和工艺结合在了一起，这是一个非常重要的温床。我们并到清华之后就有一些变化，所以大家对工艺美院进清华褒贬不一。

冷静来看，工艺美院进清华这件事从长远来看绝对是对的，因为未来的世界绝对不仅仅是工艺的设计，它应该是综合的，进了清华之后有了其他的学科背景，它的发展道路应该会更开阔，但是这个结合过程很痛苦，很漫长。

我们并到清华之后，当时清华的校长王大中组织我们教授级别以上的人座谈。他当时的讲话对我的触动很大，他说清华培养的人才是特殊优秀人才，绝对不是培养小作坊主的，希望工艺美院进来之后不要仅仅在自己的小领域中称王称霸，你要在整个社会上起到影响作用。也就是说，工艺美院要放到一个社会的平台上检验，而不仅仅是局限在一个小学科里。他希望我们从清华出来的工艺美院人，应该是引领这个专业发展的，而不是跟随的，这一点非常重要。

所以，我们进了清华之后，工艺美院和清华的文化差别不大了，到现在，我们分不出清华和工艺美院的学生。当时有一个笑话，我们刚合并的时候，大课还要到清华校园上，到了大教室，清华的学生看我们像看展览一样，因为大家的穿着打扮全不一样，现在没有这个区别了。

王 融为一体了。我记得当时《中国青年报》登了一篇文章，就是中央工艺美院合并到清华大学，变成清华大学美术学院。说到中央工艺美院学生在清华校园的特殊情况，就是这帮人的奇装异服是一道风景线，男生长头发，男不男女不女，把清华仅有的几个美丽的女生堵到厕所不敢出来。这是工艺美院刚合并的时候，现在去看不见这种情况了，觉得都像清华的人了，融入了那个学校，这是个很有趣的事情。

现状

王 讲到这里，关于学院的话题就要告一段落了。大家说，王老师你怎么老在问柳老师，你自己不讲？因为我是当主持的，我是个托儿，今天主要是柳老师讲，如果你们想要我讲，你们等下提问题，我可以回答。

我接下来想问问柳老师，中国现在的工业产品设计走到目前这个阶段，我们有什么可以总结的成就？因为柳老师最熟悉中国的工业产品设计，有什么真正是很要命的问题？特别是我们怎么能够完成从“中国制造”变成“中国设计”。这个过渡里面有很多的问题，有些问题我们解决不了，也有很多问题我们如果了解，应该是能解决的，特别是通过教育解决，所以请柳老师给我们讲讲中国的工业设计现在的情况。

柳 王老师又问了一个大话题，我又有很多话要说。中国工业设计教育，刚才王老师说到“工业设计产品”，其实我的看法是“工业设计”，我们叫“工业设计”，艺术学院叫“工业产品设计”，我觉得这是把中国的工业设计拉回了20年，倒退了20年。

王 据说有几个科学院的院士还是工程院的院士开会，谈到了“工业设计”这几个字，然后就说了一句“工业设计那怎么能是他们搞美术的人做呢？当然是我们搞计算机、搞机械的人设计的”，就强行把名字拿走了。

柳 而且不光拿走了，还说工业设计是1.0，说现在的创新设计是2.0。这很荒唐，技术有1.0、2.0，当我有了2.0之后，1.0就扔掉了，设计能扔吗？所以这就是误解，把技术等同于设计，技术创新就等于设计创新，这是中国现在最大的一个误会。

我们的技术是引进的，我们可以一下子就有了。解放前，我们没工业，解放后，我们就引进，改革开放之后又引进40年，国外有的东西，我们基本上都有了，但是我们引进的东西徘徊在引进的水平上，知其然没有知其所以然。

我们说的“中国制造”，“制”是我们的吗？不是的，是引进的，我们只是“造”了。廉价劳动力、污染的不自觉，材料浪费得不明白。所以中国没有完成中国制造，我们是加工型的制造，在这样一个工业体系的基础上，我们要的设计是什么？是外观。所以我讲得不客气，我们工业设计发展这么热，大家想想，目前中国设计的主体在哪里？设计公司。我们深圳有多少设计公司我不知道。

王 我也不知道有多少，反正很多。

柳 我们的设计公司是接单式的。你接单要多长时间？三个月还是三个礼拜，5万块钱。你想5万块钱，三个月的工作，能做什么设计？不就是外观吗？所以，中国的加工制造业决定了我们的工业设计这30多年基本上是做外观的，你不愿意做也不行，因为你为了拿到尾款，必须听老板的，所以，我们就是解决表面问题的。

中国的设计和欧洲不一样，欧洲的社会是工业化了的，它的设计公司起到了非常积极主动的作用，因为它的设计公司接的单不是一般的生产服务业。他们是主动的，而我们是服务业，我们是听客户的。所以我们的设计是打游击，但是都有体会。毕业之后找不到工作，我去创业，一个电脑就可以接单，几个人能做什么设计？你只能做表面。

所以这些决定了中国的工业设计基本上在这个阶段，我们解决了一个大问题，从美工到有设计师，这应该是伟大的进步，过去我们不愿意听，我们叫美工，现在我们叫设计师，等于说我们有了做设计的兵了，能打仗了，但是我们打的什么仗？游击战。打一枪换一个地方。今天接这个单，下个礼拜接那个单，只要能活下去就行，小日子过得都还可以。

当然，最近这十年来开始变化，因为我们一直在宣传工业设计的主战场不是工业设计公司，我觉得深圳要思考，深圳的工业设计是很厉害的，你们一定要进入企业，企业是主战场。

进入企业后就马上发现，你这个冷兵器不管用了，你要打阵地战，要建工事，要有机枪阵地，要派出侦察兵，你甚至还要有狙击手。这是一个完整的体系，工业设计师对你的要求不是一个造型，你必须了解市场、了解需求、了解工艺、了解结构，这样设计师的能力就在提升，它往横向扩展了，而不仅仅是你的效果图、渲染。你的能力扩展了，这才是设计的根本，设计是以综合能力去解决问题。也要让企业了解，设计不是一个造型，而是从头到尾的了解，设计是全程干预的，这是第二阶段，我们叫“阵地战”。中国现在开始有百分之一二的公司在做这个了，当然深圳也有，广州也有，江南相对更多。

王 江浙一带？

柳 对，因为他们起步晚。包括郑州，它在5年前开始，设计公司一上来就是给企业整体服务，进行深度合作，而不仅仅是接单。他也做短期的活，但是必须三五年拿出一个根本的产品发展计划，所以他们开始全面思考，这是中国进入的第二阶段。所以中国的工业设计现在面临着我们能不能把主力放到主战场的局面，“中国制造”的“制”是我们的，而不是“造”，“造”是关注外观，“制”是关注原理、新理念、新体系，这样才有新物种，不是变一个造型、加一个功能。

王 这个说法大家记住，“制造”的“制”我们还没有，我们现在其实是“造”，我们要把制造做好，其实是要把“制”做好，这是柳老师的观点。

柳 我们的学习也是，我们关心在社会上的很多小公司，所以很多学校改革，强调建工作室。这一点，我的观点跟大家又不一样，艺术院校可以搞工作室，设计学校千万不要搞工作室，一搞工作室，你就是小作坊了。

工艺美院原来没有工作室，都是整体学校给社会服务。现在进了清华以后，因为有了艺术家，就搞工作室，美术家一搞工作室，设计师也要搞工作室，一搞工作室，就是三三两两的。我的同事在工艺美院原来是三两天都要碰到的，现在三两个月不碰面都很正常的，都在自己的工作室里接单，别人的工作室我们都不能进去了。

大家没有沟通了，这个学校就被拆开了，都是小工作室，小日子过得都非常好，但是整体力量萎缩了。

而设计的力量就是要整合，包括制造也是。我们都是小微企业、中小企业，这些企业怎么办？10年前，领导在广东讲转型升级，底下企业家交头接耳，今天转今天死，明天转明天死，慢慢转慢慢死，我当然慢慢转。所以转型不容易，不是今天我做麦克风，明天做机器人，那是转生产，不是转型。转型是体系转，不是光改一个工作对象的问题。所以这牵扯到设计到底是什么，我们对这个认识还停留在比较浅的层次，它不光是一个造型，不是一个表面的东西，不是生产的产品。所以现在国内很多设计公司在转，它已经开始认识到，必须跟产业结合，它才有后劲，才能做研究，否则研究不了，没人支撑他。

王 现在各个美术学院都在搞工作室，这其实是一个很大的摧残。我在广州美院的时候，大家就开始开公司，这样还不错，开的公司因为够大，起码有几十个人，包括集美组这种大公司。到后来搞工作室，现在工作室越搞越多，就变成了农民的小作坊，所以走到大学里面，你根本就找不到人，因为每个人就躲在自己分的那两间房，带着几个研究生做项目，有商业机密，所以学校的研究力量基本上就化解了。

我认为现在要改造我们的设计学院，除了课程改革以外，很大的一点就是要把这些工作室都封掉，要成立就用整个学校的能力去做大的公司，工作室真的是把学校完全化整为零，把它瓦解了。

柳 王老师说得非常正确，但是一旦分了工作室之后，要把它整合太难了，分开以后要收拢是要流血的，所以一旦分了要合，你得找时机，你得找社会的综合项目来合，否则你凭什么单纯地合？我跟你玩命都可以，我挣钱的小买卖被你砸了，所以这就牵扯到我们怎么理解设计教育的实践。

我们现在的实践多数是小公司，或者是工艺美术的作坊，作坊就是一个师傅带着几个徒弟从头做到尾。所以有一句话叫“随机应变”，这就是小聪明，比如说我一个石头刻出了一个瑕疵，随机应变把瑕疵变成小甲壳虫，这是小聪明，这是工作坊的实践。而我们理工科的实践是实验室，实验室是实践什么？是探索，是试错，是颠覆。而我们学设计的，很少有这样的工作坊或者实践。

还有一个是社会实践，就是我要跟搞教育的合作，我要跟搞工科的合作，我要跟政府官员合作，我要跟企业家合作，这个实践是另外一个层次的，不是专业实践，而是社会实践，我们这个学校将来要培养的就不是简单的设计师，而是要培养产品经理、设计总监，他的职责不仅仅是设计，而是恰恰对别的学科的了解，能够指挥、整合别的学科的，这是我们现在最缺的人才。

所以现在企业里面当产品总监的有学外语的，因为他要跟外国人接触。学管理的在做设计管理，真正学设计的做设计管理的很少，因为他只是打工仔，他们只是听别人的意见，叫你改造型你就改。你站得不高，你要站得高就必须站在设计之外，统辖、指挥设计工作者。这才是中国最缺的，中国不缺设计师。

王 柳老师提出这个关于设计教育的方向性问题，我觉得这一点很重要，我估计也是国内比较少的在公众论坛上提到的，就是设计教育的目的不是培养一班技术熟练的设计师，那是职业学校的事情，真正应该培养的是设计管理的人才，因为这种人才是能够统领其他的内容，并且知道怎么服务于社会，这是一个核心。如果我们不从这个角度想，我们整个教育的运作其实是在培养职业学院的学生，就是熟练的技能人才。

柳 培养加工制造业所需要的人才。

王 这一点我今天受益匪浅。听到这一点，我觉得这个事情可真是闹大了，如果我们要做得好，怎么样才能够给他们这方面的能力？您觉得一个好的设计师要能够很好地去管理其他行业的各个方面，他应该具有哪些素质？人文素质是肯定的，还有些什么素质您认为是我们在教育里面可以融入的呢？

柳 这又是一个关键问题，我们这四年学什么？因为设计是一门综合学科，我学人机学四年，学材料学四年，学机械学四年，学艺术学四年，我还干活不干活？所以设计教育的特点就是，它恰恰不能这么单科独进地学，它需要整合地学，在一个项目整合的过程中，把各种知识穿插过来。在这个过程中，他学会自己去扩展知识，所以我们的设计教育培养人才，首先要学会他自己找知识。因为他要跟别的学科合作，他要跟别人交流、沟通，要别人听他的，他必须是要与别人沟通，你沟通的时候一问三不知，人家根本就不理你了。你说结构，你连结构的概念都不知道，他不可能跟你交流，所以学设计是一辈子要学的，你要跟结构沟通，你首先对这个结构要事先预习，要达到一个基本的水准才能跟他对话。

王 不能依靠教室里面教你的知识，一定要学会自己找知识。

柳 可能有人说我这样是把设计说得高了，其实不是。说得高是我们培养导演、指挥，说得俗一点，我们是培养大师傅。大师傅不会种水稻、不会养猪，不会做煤气灶，但是他能炒一手好菜，说明他的综合能力，他知道什么样的米做什么样的饭、什么样的菜怎么炒、什么样的煤气灶用什么样的火候，所以设计师要有这个能力，他才能跟不同专业的人去合作。这个沟通能力跟理解能力要非常强，他必须是一个杂家，他能判断出这个米适不适合做这个饭、这个米要焖多长、用多少水，我们要具备这个能力，我们才能跟技术专家、心理学家去讨论，让他们支撑我的看法，才能使我们的看法落地。

王 能够自己主动地去学习知识。

柳 我们培养的目标一定不是追求100分，这是给家长看的，自己安慰自己的。真正的目标应该是在这个课程当中，你自己学到了多少能力，这是最重要的。

我们都知道这句话，我教你打猎，不给你鸡鸭鱼肉，但是大家关心的还是鸡鸭鱼肉。教你打猎就是我到任何场合我都能打到吃的，没有羊，我可以抓鱼，没有鱼，我可以采果实，这是适应能力，适应能力就是你必须要善于跟别人沟通。而在生活当中，处处是知识，所以设计师最重要的一点是生活，生活中的道理都是非常简单的，没有那么复杂，你再一追问，它的原理也就那些，没有什么看不透的东西，所以必须要善于生活。

王 善于学习知识，自己独立找，善于生活，具有生活的能力。

柳 而且要多问为什么，千万不要看《十万个为什么》，你看完《十万个为什么》，答案有了，你就不探索了。所以你跟外国人讲，中国人喜欢看《十万个为什么》，外国教授就不理解，你看这个干什么？你看了结果，你就不探索了，恰恰我们都要来反问“是吗”？要怀疑，要提问题，你才能有所建树。

王 我下面一个问题是问问柳老师自己，因为柳老师是我们这代人当中最有魅力的一位老师。中央工艺美院和清华美院所有的人都说这是一个大帅哥，从年轻到现在都非常帅，又很能说话，大家都很喜欢他，并且很有领导的感染力，他一出来，这个场子基本上就镇得住。所以我就想问柳老师，您能够把场子镇住，把大家团结在一起，这样的个人魅力是怎么形成的？这是从小就有的呢，还是后来自己慢慢培养的？

柳 这个说起来惭愧，我从小就是一个乖孩子，很听话。从小因为出身问题，只能老老实实上学。

王 夹着尾巴做人。

柳 从来不善于表达，我答卷都怕，一提问题一个大红脸，什么都说不出来。

王 到大学也是这样？

柳 1963年还是1964年，“四清”的时候，我们河北邢台，那是一个非常贫穷落后的地方。我去了一个小村庄，这个小村一共有七十多户人家、三个工作队、一位老干部，有一位其他公社的社长，还有我们这些大学生以及一个当地的农民小知识分子。

进到村里，要抓革命、促生产，白天带着农民下地干活，晚上查帐、四清，或者是调动群众。到那里第一个礼拜以后，老干部走了，就剩下我跟那个小年轻两个人，要领导农民干活。我是在上海长大的，农村里干什么活我根本不知道，连生产队的地块在哪里都不知道，我怎么敲钟派活？所有的队长都靠边站了，你得领导下地。你怎么给他们派活？这10个壮劳力往哪里派？那些有技术的往哪里派？你必须要请教。头一天，我就要了解村里的情况，晚上要开批斗会，要访贫问苦。都逼着你要这么做，在这个过程中，你就必须要给农民讲23条，必须讲“四清”，你不会讲也要硬着头皮讲。我骑自行车都是在那时候学会的，因为一个礼拜就要到公社去汇报一次，汇报的路很长，我走过去根本来不及，只能借一辆车，一路摔跤摔到公社，回来的时候就会了。所以，秘诀就是亲自实践，现场锻炼。

1984年，我回到学校上课，刚开始也是不行，最开始上课的时候，我准备了一天，40分钟讲完了，最后不知道讲什么了，因为我做的准备都讲了。所以，实际上是锻炼出来的，本来不会说话，一上台就脸红，现在就像王老师说的，我上台可以侃侃而谈，讲一天、三天、五天都没问题，我就是克服了心理的障碍，这是第一个，你必须要讲，你不讲不行；第二，你得有自信；第三，你必须要了解设计之外的东西。所以，现在我能讲，不是因为我口才好，我从小口才就不行，可我肚子里有东西，有很多东西要说，我急于表达，就自然会出来，刹都刹不住。

王 像柳老师这样有魅力的老师在我们设计界没有几个。柳老师是最高级的那个。

柳 王老师也是其中之一。END

室内行业之三缺

撰　文 | 叶铮

比起迅速庞大的室内设计体量，有感当下中国室内界存在三大缺失。而恰好是这三大缺失，将使业界的健康和可持续发展面临失衡。

缺失一：室内设计缺失专业的学术批评

40年的改革开放与市场的繁荣，决定了中国室内设计从业规模已跃居全球之冠，如此的专业发展，对现代生活与社会推进均产生相当影响。而室内设计作为一个发展中的学科，却始终未能形成学术批评的专业氛围。

学术批评，是保障一个行业健康发展的必要制衡机制。一方面，是专业批评长期缺席；但另一方面，时代早已进入了一个人人自媒体的网络时代。而传统媒体的专业性与职业操守，正在被人人自媒体的现状不断突破，从而自然使一个刻意回避专业批评的室内设计界，充斥着无数的专业忽悠与欺骗，存在着大量的娱乐与投机，并竭力吹制种种泡沫，打造出各式不实假象及行业的荣誉称号。如此，正大面积摧毁着室内设计圈的正常认知与判断。此刻，呼吁专业批评的介入，好比打假置于伪劣商品的意义一般，是一种有效的行业生态制衡。

一个社会，有一些制假贩假的小骗小混并不足为患，而一旦在学术、道义、史料、荣誉等意识形态、价值判断等领域出现欺骗行为，其危害与罪恶就不能同日而语！欺骗已然从物质层面侵蚀到精神层面，它摧毁的是设计界求真的良知，破坏的是社会的价值评判。久而久之，谎言万次即成真。借助一些公众平台与活动，这样的思想欺骗污染着设计界，由此导致了一场集体的迷失与错误，将一些设计界带有欺骗性质的设计师，视为当代的“红粉、网神、大师、哲人”……完全亵渎了学界的神圣与纯洁，搅混了视听，扭曲了行业。

导致当下这样的现状，一些媒体平台与机构具有不可推卸的责任。所以，行业的批评不光是面向专业设计和学术观点，同时也应面向专业媒体与形形色色的机构活动。倘若没有这些不良媒体以公器作为帮凶护航，或是为博取眼球而进行有失客观、专业的哄抬宣传，如今的室内界将更趋实事求是，行风也更为纯净学术。究其原因，还是与媒体奉行利益至上、和气生财的世道观念相关。正因为利益的互换捆绑，抑或恐惧来自圈内某些灰色势力的包围，使得相当部分的平台，除了所谓奉行“正”能量的粉饰美化外，完全不敢，也不愿直面来自现实的批评之声，甚至将学术批评，视为一种人与人的过节，或是“负”能量的表现！如此认识，只能反映出我们对求真精神的麻木不仁，反映出对人情社会和真理世界的严重混淆与错位。

而学术批评的建立，能使专业发展更为理性，并起到一定的预警功能。对设计界良好生态平衡的打造，和对学界假象的制衡都起到有效的作用，好比割除肌体中逐渐形成的毒瘤。同时也为后人留下一段干净公正的专业史料。

让学术批评，首先始于学术揭伪！

缺失二：室内设计缺失对专业技术的求索

设计是一场思维活动，而且是一场专业性极强的思维活动。有思维活动，首先就有观念选择。从观念选择到设计呈现，关键在于对观念作为“目标”物化“途径”的概念追求。

室内设计的专业思维由“目标”与“途径”，即“观念”与“概念”两部分组成。“观念”，隶属于社会性、人文性的范畴，表现为“普识性”特征；“概念”，则体现为操作性、技术性范畴，表现为“专业性”特征。

针对一个设计专业人士，普识性仅仅是作为一个社会人的公共文化背景资源，它由纵向传承与横向选择所决定。而专业性（广义技术概念）才是每个独立学科的立身之本，它涵盖了认知与操作的全过程。两者均有不同作用，作为观念的普识性，主要解决"要什么"、"目标方向"、"宏观立场"等问题；而概念的专业性，主要解决"怎么办"、"途径方式"、"技术落地"等问题。恰恰是作为广义技术范畴所呈现的"怎么办"，才得以显示不同设计水准的高低，才能使专业按其自身发展的本质规定性不断拓展进步。

而当下，每年全国范围内关于室内设计的演讲论坛不计其数，不少演讲者都将其"成果"不假思索地归属于"观念"，诸如"主义……情怀……态度……文化……思想……修养……哲学"等等。但，事实并非如此！这只是一场华丽的误导，严重有失偏颇的高谈阔论，是用普识性来偷换专业性的概念，而且又极具迷惑性。如此言论，首先导致大批对专业理解较粗浅的从业者，陷入专业认识的误区，且渐渐偏离专业性本身的轨迹，使他（她）们距离真正能做好设计的道路越来越远。其次，长此以往，在室内设计界中，无形对设计构成了错误的评价标准，扭曲了专业的内涵，同时也使得一些设计平庸的案例，在如此务虚高调的言辞中，相继被吹大神话。这些有失专业真相的言说，鲜有能听到真正专业而又具体务实的声音，如此之说，使室内设计所传播的专业含量被日渐稀释，并逐渐沦为一种专业思想的迷幻剂。

而专业性，就是对技术性的探求与掌握，是一种广义范畴的技术性表现。时下的室内设计界，存在着这种重观念态度、轻专业技术的现象。这正是对室内专业认识不足，学科理论研究停滞的表现，甚至于对广义技术性范畴所包含的内容，亦认识不清。

其实，对设计而言，将问题想深想透，并上升到足够理性的思维层面时，就是形成了技术。广义技术的研究，涉及从设计唯物至设计唯心的两级范围。它可以小至对一个节点构造、一块材料的分析，大至空间意识的拓展与形式逻辑的创新，以至思考表述的理性化和设计过程的系统化；抑或是概念的创新发展与设计思维的建立等等。这些都体现在广义技术性的范畴内，囊括物质与意识的多个层面。只有将思考建立在专业性研究的基础上，才有可能推动室内设计作为一个独立学科的发展。

在此，并非排斥普识性的价值。但普识性毕竟是作为人类普适性的社会共同资源，并非室内专业的创造物。而专业性探求才是发展之本，如果缺失专业性、技术性的发展，高谈普识性观念，除了说明本身对专业认识肤浅，或受之于白左思潮干扰外，无非是用心不良，不是因为专业保守，就是凭借高调之举，神化自身形象，以华丽言辞作为营销包装的对策。

假设一个行医者，医术不高，却拥有诸多情怀观点，作为医生的职业，有价值吗？同理，而作为室内设计师，难道不也是如此道理吗？

缺失三：
室内设计缺失一个众心归一的学术团队

在全国，各类已注册与非注册的设计组织遍布各地。但是，当下室内设计界缺乏一个众心归一，能引领业界不断前行，又成为各方设计师内心骄傲而具神圣感的学术团队。

因为缺失，由此伴随的现象，便是业内小圈子的崛起，大有山头林立之势，且时而出现颇带匪痞之气的帮户倾向，并不断展秀其势力，旨在显示其江湖霸主的地位，进而无形中对广大设计界同行构成潜在的心理胁迫。如此在设计圈出现的在野性政治游戏，使得专业圈充塞着帮伙力量的对峙。倘若有一个众心归一的全国性专业团体，想必如此帮户势态亦将大为削弱。

也正是因为当下缺乏一个坚实有力的专业学术团体，使得业内没有一个真正能赢得尊重的专业大赛，缺少一个严肃、公正、规范、专业的评奖机制与具有职业操守的执行团队。而且这样的状况有逐渐外延的趋势，近年来一些所谓的国际奖，同样亦令人颇跌眼镜，针对国内设计群体，不时出现了有违学术底线的国际评奖活动，致使室内设计界产生了一些有失专业尊严的奖项活动，在商业利益的驱控下，评奖的纯洁与严肃性受到伤害。

2018年即将走到尽头，历经这一年中的见闻，有感于当下室内之缺，已成不可或缺。END

《盘丝洞》的空间法则

撰 文 | 胡恒

2011 年，欧宁在成都双年展里做了一个特展——《文学中的建筑》，请了几位著名的建筑师参展：王澍、张永和、刘家琨、马岩松，还有张雷。张老师与我一起合作了个装置作品——《盘丝洞》。展场就是一个普通的大工棚，这个特展，就是用几块板子像墙一样围起来做成一个小的展室，每个参展的建筑师分到一张 1m^2 的台子，把自己的东西放上去（图 1～图 3）。

展览的要求是从文学作品中截取片段，然后转成建筑作品。这显然是一位对建筑很好奇的文化人琢磨的事情。我们估摸着其他参展建筑师会用到博尔赫斯、卡尔维诺这些建筑师都很喜欢的作家的小说。张老师跟我商量，我觉得，我们一定要做个特别点的东西，用到的小说不会让别人去猜，要选一个最普通的、最不懂建筑的人都知道的东西。

我们从四大名著里找到了与这个展览相关的切入口。"盘丝洞"这个故事，本身还挺有空间性的，比如"洞"，还有一些道具，如蜘蛛丝之类的。角色也比较好玩，比如猪八戒。当然最刺激的就是蜘蛛精了。我想，这个点子似乎很适合把空间、叙事、文学、建筑一网打尽。张老师也认同我这个想法。

画家溥心畬曾经画过一个很有趣的"西游记系列"，里面就有一张"盘丝洞"（图 4），画面主要就是一个洞。还有一部邵氏公司的老电影《盘丝洞》里的几张剧照给了我不少启发。这个作品有现成的原型——蜘蛛丝、蜘蛛网，还有蜘蛛精，特别是蜘蛛网。仔细研究一下发现，蜘蛛网这个东西是很几何的，而且有很多种（图 5）！因为我们后面要做具体的东西，所以编蜘蛛网是需要考虑很现实的元素，就像节点一样。这很建构！

我当时是这样想的：我们不做模型，参展的是一个空间作品。我们准备把整个展厅空间当作一个背景、一个原材料来用。既然将整个展厅设定成一个洞，那蜘蛛丝应该就布在整个展厅里面。我当时想着在展厅里面拉几根线，从顶棚到地下，把参展的几位建筑师的作品都封起来。这些线限定出一条参观路线，观众只能沿着我们的线划分开的空间接近那几个展台。你想要看哪个作品，就得顺着我们这个线绕过去。我请张老师画了一张草图给欧宁（图 6），欧宁看了说没问题。后来，突然欧宁说又不行了。大概其他参展人不同意（或者觉得我们搞特殊化，或者不愿意我们把他们的作品封起来）。这个计划就泡汤了。

转眼间，我就从开心到沮丧，觉得不能做一个完整的空间作品，那再做个模型

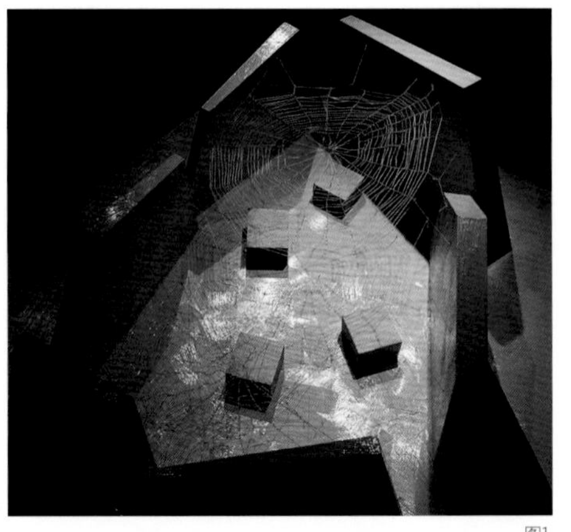

图1

图2

图3

图4

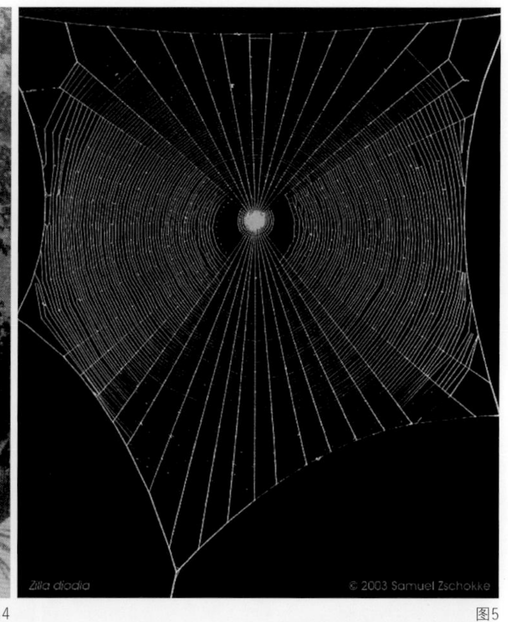

图5

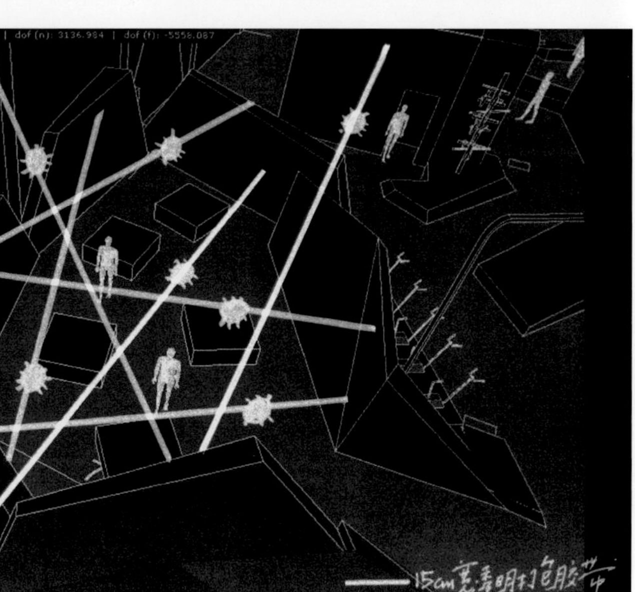

图6

就没意思了。这个时候，张雷老师马上体现出优秀设计师的应变能力。他说，其实没问题，虽然不能做整体空间，但理念是成型的，我们就把这个理念做个模型放进去。我想这也是一个很好的办法，因为展台是固定的，如果我们摆一个模型在上面，其实它的尺度也是绝对的、唯一的，那就不仅仅是个比例可大可小的模型了。另外，这样的话，我们还可以做一个小号的张永和、小号的王澍、小号的马岩松，这似乎是一件挺好玩的事。既然不能把他们真的封起来，那就在模型里小小地戏谑一下。

后来就这样做了。张老师召集学生做模型，商量蜘蛛网的形状和位置，还有其他的一些问题，比如说是用真蜘蛛吐网呢，还是人工来编？如果真的用蜘蛛结网的话，那南京有哪些蜘蛛可以用？是否好抓？它们在什么情况下会结网？晚上还是白天？抓来的蜘蛛会不会跑掉？在蜘蛛结网的时间里，可能得把模型外面做一圈水池，以免它们逃掉（图7）。后来还想着做一本小书叫《蜘蛛日记》，把整个过程给记录下来，应该挺有趣。不过这些后来都作罢了，因为具体的操作都不太现实。最后还是用手工编的线网，拿到展场安装比较稳妥。我们的"盘丝洞"摆在最外面，白色的，展品还有王澍的博尔赫斯的《巴别图书馆》、马岩松的《小石潭记》和张永和的《第三个警察局》(图8)。

效果上，《盘丝洞》其实很虚无。展

图7

图8

图9

图10

场的墙是白的，我们这个也是白的，不注意的话还看不见。因为观众一进来，目光马上被那几个接近 1m 高的木板做的大东西吸引过去了。但是走近看《盘丝洞》，就会发现还是蛮好玩的。特别是它可以往里看，你会发现，边上还有一个跟它一样的"小某某"，而且还有一个"小自己"——这是最有趣的地方。几层空间的合理层叠，让这个作品的叙事感觉慢慢地渗出来，并且不需要解释。只要在这儿的人都能感受到这个作品是关于整个展场的 —— 展场空间、这些墙、其他参展作品都是我们作品不可或缺的一部分，包括我们自己。而且最有意思的地方就是，观众站在《盘丝洞》面前的时候，他会想像一下还有一个小的自己站在"模型"里面。 三个展览空间，一层一层地往下深入。这个比例是唯一的，微缩进去的尺度是确定的（图 9、图 10）。我们都知道，"大牌"们经常会在开展前的最后一刻才把作品送过来，这就意味着之前我们不可能知道它们的样子。这就有个问题，盘丝洞里面的微缩作品没法做，除了自己的那个。所以我们专门让学生把橡皮泥、纸板什么的都备好，等东西送过来，马上现场开工，进行最后一项程序 —— 迅速地把小号的参展作品做出来。我们这个作品里面，这些细节还挺重要。这种看似很儿戏的做法其实是很必要的，如果不提前考虑好，《盘丝洞》根本完成不了。

《盘丝洞》有三种位置，我们可以从这里理解作品的一些含义。第一个是观者的位置，《盘丝洞》是一定需要有观者的，它不像一些比较客观化的艺术作品，摆在那里，你看不看它都成立。我们这个作品是一定要有人站着看，它才成立，只有站着看的时候，作品的尺度、周围空间的尺度、小我的尺度，三重关系才能建立起来。所以，边上的几个大模型都是可以摆在任何地方，《盘丝洞》只能摆在这里。它有一种时空上的绝对性，只能存在于这个展场、这段展览时间。

第二个是参展者的位置，当时参展的有3位（除我们之外），一开始还有刘家琨老师，后来他没参加。这个数字还挺巧的。盘丝洞里面有谁呢？唐僧师徒，正好4个！每一个都是不能缺少的主角。这正好对应到我们这个展室的4个展台上。从这一点来看，我们这个作品把展览内容与小说内容结合得不错。自我叙事比较完整，周围的环境全都转化为了叙事元素，一点也不多，一点也不少。如果刘家琨老师也拿作品进来，我们的《盘丝洞》就有点问题了！还有一点是，数目对上了，那么作品的另一层含义也就出来了。它是对经典作品展示方式的一个调侃。那个方式就是作品是崇高的（艺术家也是），展览方式也是"崇高的"——作品很神气地摆在那里供大家瞻仰。我觉得这是个当代艺术展，作品的展览方式也需要有点改变，当然，我们的态度比较幽默，让大家看我们作品的时候也顺便把盘丝洞的几位"大神"跟参展的著名建筑师对一下位置。

第三个是蜘蛛精的位置。当时展览后收到一些反馈。朋友们看了之后都有一个问题，蜘蛛精呢？蜘蛛精在哪里？其实，《西游记》的盘丝洞故事的所有相关艺术创作，不管是连环画，还是卡通、电影、电视剧，它的形象代言人就是蜘蛛精，这是这个故事最重要的、最基本的符号。即使是在古代《西游记》小说的各种版本的插图里，全部一样，可以没有孙悟空、唐僧，但蜘蛛精是一个都不缺（图11）。然而我们这里蜘蛛精不见了，我觉得是一个很大的遗憾。

蜘蛛精不光是《西游记》的盘丝洞里才有。在世界范围里，整个文学范畴里，蜘蛛精都是经典的符号——日本的、西方的。如果回到最开始张老师的设计上，他倒是想过蜘蛛精的问题。一开始，我的打算是拉几根绳子玩一下空间，差不多可以了，就不弄那些蜘蛛精什么的。但是张老师说："不行，蜘蛛还是要的。"所以他在草图上画了好几个蜘蛛爬在线上面。我当时还没想过蜘蛛用真的还是假的，张老师都想好了："淘宝上有卖的，布做的蜘蛛，很便宜，十几块钱一个。我们到时候弄七个往线上一放或一吊，就可以了。"但是张老师还是不满意，可能觉得没有把盘丝洞故事的那个味道表达出来。其实这个作品的色情指向还是很明显的，不过我在做的过程里好像总是会忽略掉。

我们在开始创作之前在网上查过，有人做过类似的作品，还是个国外的设计团

图11

图12

队。虽然它跟《西游记》一点关系都没有，但是非常接近于我们"盘丝洞"这个概念。他们用打包胶带在奥地利的 19 世纪的剧院里做了一个空间作品（图 12），把柱子缠上，在空间里拉出交错的"丝"，再卷成各种中空的管道。元素很单纯，质感、空间层次很丰富，相当壮观。这是张老师查到的，他发给我看，我当时就有点傻了。这不就是我们心目中的"盘丝洞"么？我们那个太小儿科了。这个作品还是个系列，里勃斯金的柏林美术馆新馆的广场上也有个，整个设计、制作井然有序，跟建筑没什么两样，特别是小孩还可以在胶带裹起来的圆筒管子里爬啊玩啊，非常有趣。这个作品从概念到最后的视觉形态表现都很完整，充分展示了材料的特质。我和张老师被这个系列作品困扰了一下，不过很快就跨过这个坎，毕竟艺术创作的角度有很多种。那种力量型的、外向视觉型的、奇观式的东西我们比不了，我们是解构式的。之前讲过的戏谑、调侃是主旋律，视觉上的白色也很虚幻。这也是展览整个过程的一个系列图：最开始什么都没有，然后慢慢把几片墙搭起来，4 个作品摆进去，开展，最后墙拆了，回复到最开始的样子。我们这个作品也不见了（图 13）。这真是一个彻彻底底的虚无主义作品，从它的存在方式来说，《盘丝洞》的时空唯一性是完整的，理念是完成的。这个作品最虚无的地方是它的成本，几个纸壳子，学生用白色的线拉几根，就这么摆上去。我们也想过用石膏块做墙，那个质感肯定会好不少。但是石膏块跟蛛网的接口问题总是解决不好，后来最后只能用白卡纸板沾一沾、刷一刷，勉强把蛛网弄上去。制作效果确实"惨不忍睹"（图 14）。现在只能说这是一个纯概念式的作品，制作不是那么重要。如果时间够，也有钱的话，我是很想换一种材料，用青铜什么的重新做一下。那应该是蛮有意思的一件事。几个小号展品可以做得再精巧些，蛛网也可以编得更漂亮点。不过，这就成另外的一个作品了。这是除了蜘蛛精之外的另一个遗憾。

通过一些图片，感觉大家都看过之后并没什么感觉，但是整个展览看完转了一圈又想回来再看一眼，有种可以回味的地方（图 15）。

虽然遗憾不少，但作为第一次的艺术创作，我还是很满意的。

附 1：

这是一个建筑（成都 2011 年）

"西游记之盘丝洞"是一个建筑，而非模型。它将小说《西游记》中的意象——邪恶的蜘蛛精将宝贵的人类财富（圣僧）封在洞穴之中——进行一个微小的转换：洞穴换成展厅，圣僧换成艺术家们（张永

图13

图14

图15

和、王澍、马岩松、张雷 / 胡恒）的展品。蛛网还是蛛网，没有变。“西游记之盘丝洞”制造的是一种真实的幻觉，而非对小说文字意象的简单视觉化。这一幻觉由同一空间的三种尺度的形态构成：展厅空间；“盘丝洞”、微缩的“盘丝洞”。三个空间如盒中盒，逐层套入。当观者站在“盘丝洞”前往里看时，三个空间的关系就建立起来。他站在一个空间里，看到自己在这个空间里。这一刻，“盘丝洞”创造出主体的存在感，或者说干扰了主体的存在感。它也由此成为一个事实，或者说一个建筑。

附 2：

2016 年，我与一位雕塑家合作，重新制作了《盘丝洞》，将之转化为一个青铜装置作品，名为“《盘丝洞》· 2016”，参加该年的威尼斯建筑双年展的《时—空—存在》平行展（图 16、图 17）。这个青铜装置作品延续了之前的概念思路：对文学空间、建筑空间、展览空间、心理空间进行综合，对西游记故事重新叙述。这次的《盘丝洞》着重解决了五年前的一些遗留问题和缺憾。一个是蛛网的制作，一个是蛛网与墙体的连接，一个是四个小角色的制作。蛛网我们采用 0.1mm 的鱼线粘接而成，使之既有一定的弹性，又有充分的透光性，最大程度地接近真实蛛网的质感。蛛网和墙体的连接是一个不小的技术难题。这次的解决是由合作的雕塑家来设计制作完成的。雕塑家根据青铜墙体的材质特点以及鱼线的特点，专门设计了一种非常精致的青铜插销，它们可以很方便地将蛛网固定在墙上以及取下来。几个小角色太过粗糙，是旧版盘丝洞的另一个硬伤，这次我们终于有时间仔细将它们做好。其过程并不轻松：建模、3D 打印，交予雕塑家翻模、做胚、再打磨、上色（图 18、图 19）。整体采用青铜这种古典味道浓重的材料，是我在 2011 年展览完成时就有的想法。当时觉得如果用一种古典的材料来做一个纯观念的空间作品，几个方面冲突一下，应该会很有趣。但是一旦真的付诸实施就发现技术问题相当严峻。幸好合作的雕塑家术业有专攻，那些技术问题一一得到解决，甚至在很多地方都对作品的形态做出了出人意料的推动。比如基座的厚度，雕塑家从雕塑美学的角度提出应该加厚至半尺，这样才有整体的稳定感。而装置整个尺度则应该缩小，便于控制重量与局部的铆接。特殊设计的插销也为墙体增加了精致的细节。最终完成形态可以说达到了“美”的标准——尤其是蛛网的影子投射到青铜面上，相当迷幻。毫无疑问，这已经是一个单独存在的作品了。如果说第一版《盘丝洞》在概念是不可替代的，那么，这一版《盘丝洞》在制作上和美学上也是不可重现的。END

图16

图17

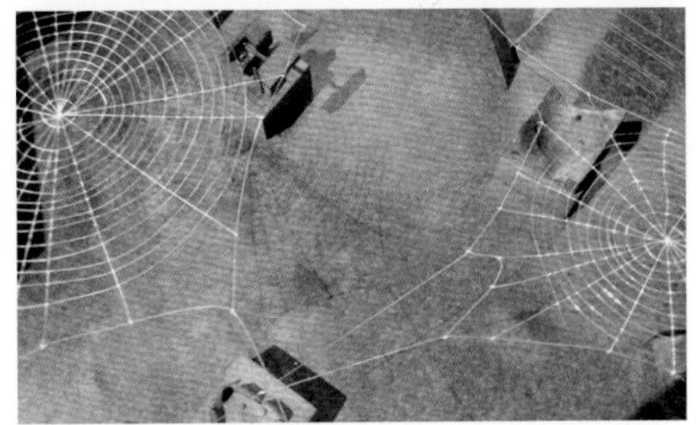
图18

图19

虚拟空间设计与表现课程的混合式教学思考

撰　文 ｜ 宋颖（复旦大学艺术教育中心）

摘要：混合式教学是一种结合了线上教学和传统教学模式的全新教学模式，这种教学把传统教学的时间和空间都进行了扩展，在教学理念、教学方法、教学形式、教学效果各方面带来了革命性变化，在本文中，基于本人的线上课程《虚拟空间设计与表现》的教学实践，反思了混合式教学的独特优势和实践中出现的问题，希望通过理论总结，发现问题，解决问题，优化混合式教学方法。

关键词：混合式教学 建构主义学习 自主性学习 情境化学习 合作学习

混合式教学是一种结合了线上教学和传统教学模式的全新教学模式，这种教学模式把传统教学的时间和空间都进行了扩展，即部分的"教"和"学不再是在同一时间和同一的地点发生。全新的教学模式必然也带来了全新的教学理念和教学方法，混合式教学其实不是简单的"线上＋线下"课堂的形式上相加，该模式在教学理念、教学方法、教学形式、教学效果等各方面都带来了革命性的变化。由于电脑网络技术的深度参与，混合式教学带来了学习和教学效率的极大提升，相比较传统教学模式，混合式教学模式依托快速发展的网络技术，具有一些得天独厚的优势，当然，在发展中也存在一些不容忽视的问题需要去解决。

一、混合式教学的独特优势

在学习和教学的基本规律中，如下四条尤为重要：第一，学习是学习者主动参与的过程；第二，学习是循序渐进的积累过程；第三，不同类型的学习其过程和条件是不同的；第四，对于学习而言，教学就是学习的外部条件，有效的教学一定是依据学习规律对学习者给予及时准确的外部支持。相比较传统教学，混合式教学模式强化了学习者自身的学习主动性，让传统教学中的"教"为主转换到"学"为主，更加符合以上四条基本规律，其具体的独特优势可以归纳如下：

1. 因为课程内容中由教师向学生单向传递和相对固定的教学内容基本上转移到了线上课堂，学生学习过程中可以根据自身条件和时间安排，灵活机动地安排自己的学习计划，尤其是可以安排碎片时间反复多频次学习。

2. 线上课程内容可以反复播放，学生在自主学习过程中可以更具自身条件和理解能力的不同，反复强化学习其中某一部分的内容，可以自主确定学习中的重点并反复强化学习，还可以在学习过程中截屏保存或记录笔记，大大提高了学习的有效性和灵活性。

3. 学习和交流方式可以比较多样化，基于日益发展的网络技术，学生线上讨论交流，课程资料传递，课程作品展示交流等教学辅助技术，让教学活动具有更多的丰富性和层次性。

4. 从教师角度看，在混合式教学模式中，传统教学模式中每次上课都在重复讲述的内容可以在以后的教学单元中重复播放，教师可以腾出时间和精力去关注、研究并更新那些需要与时俱进的教学内容，让需要更新的内容和需要面对面交流传授的内容成为线下课堂的教学主体内容。

二、建构主义学习理论基本理念

建构主义 (constructivism) 的最早提出者可追溯至瑞士的皮亚杰 (J・Piaget)，他是认知发展领域最有影响的心理学家，基于他有关儿童的心理发展的观点，他提出发生认识论，坚持从内因和外因相互作用的观点来研究儿童的认知发展。建构主义被认为是"当代教育心理学中的一场革命"，是学习理论从行为主义到认知主义以后的进一步发展。在建构主义思想指导下，不仅形成了一套全新的学习理论，也正在形成全新的教学理论，为教学改革提供了一个新的视角。建构主义理论丰富，流派众多，但都认为知识是认知主体主动进行建构的结果，学习是一个意义建构的过程。建构主义学习理论的基本理念可以呈现为以下的知识观、学习观和教学观三个方面。

1. 知识不是对现实的准确表征，它只是人们对客观世界的一种解释、假设或假说，它不是问题的最终答案，更不是亘古不变的永恒真理。它必将随着人类的进步而不断地变革和阐释，知识也并不能绝对准确无误地概括世界运行法则，提供解决问题的方法。[1]事实上当今以技术解决技术引发的一系列问题正逐步走向困境，在具体的问题解决中，知识具有情境性，需要针对具体问题的情境进行再加工和再创造，尽管通过语言赋予了知识一定的外在形式，甚至这些命题获得较为普遍的认同，但这并不意味着学习者对这种知识有同样的理解，我国古人云"诗无达诂"，说的也是这个道理。真正的理解或阐释都是由学习者自身基于自己的经验背景而建构起来的，取决于特定情境下的学习活动过程。

2. 知识的获得是通过建构形成的，而不是完全接受外来传输而成的。人们是根据自己的经验建构知识体系，用自己的方式去认识和理解他们所处的现实世界。因此学习并不是简单的知识积累，它包括了新旧知识结构的重组和整合，因此在教学中不能无视学生的原有经验和知识结构，不能简单生硬地从外部对学习者实施知识的填灌，应该引导学生在原有的经验基础上建构新的知识体系。在建构主义看来，教学不是一个单向传授知识的过程，而是一个由教师帮助学习者依据自身经验建构新知识体系的过程。

3. 建构主义学习理论强调教学是以学生为中心，不仅要求学生由外部刺激的被动接受者和知识的灌输对象转变为信息加工的主体、知识意义的主动建构者，同时也要求教师的教学主体理念发生变化，即教师角色要转变，由知识的传授者、灌输者转变为学生主动建构意义的设计者、组织者、促进者、参与者和帮助者。要改变传统的师生角色，教师在教学过程中要充分尊重学生在学习中的主体地位，调动学生的积极性和主动性，积极开展教学互动，给学生发言和表达自己思想的机会，鼓励学生反向思维、质疑思维，变学生由无奈的听讲、记忆为主动的参与、发现和探究，教师则由控制讲授型的"讲师"转变为学生学习过程的"导师"。

三、混合式教学实践中的建构主义理论应用

我国学者把与建构主义学习理论相适应的教学模式概括为："以学生为中心，在整个教学过程中由教师起组织者、指导者、帮助者和促进者的作用，利用情境、协作、会话等学习环境要素充分发挥学生的主动性、积极性和首创精神，最终达到使学生有效地实现对当前所学知识的意义建构的目的"。[3]笔者在混合式教学的线上课程《虚拟空间设计与表现》教学实践中，结合了网络技术和建构主义学习理论，取得了一些意外的惊喜，同时也有问题发生。惊喜之处结合了建构主义理论的混合式教学不仅获得学生的认可，也极大地提高了教学效率和学习有效性，意外的问题是，过度鼓励学生的个性化追求和抛弃普遍性的共识，让不少缺乏天赋和刻苦精神的学生感到课程学习的艰难，以及遇到问题时的无助，因为，每个学生学习侧重和目标不同，有些问题不是共性的，无法合作讨论解决。以下是笔者在混合式教学中所鼓励的学习方法和实践的教学方法。

1. 自主性学习

知识是学习者主动建构的，学习者不是被动的接收信息，而是主动地运用已有知识经验对新知识、新信息的意义建构，这意味着学习是主动的，学习者要主动地对外部信息进行选择和加工，教学应以学习者为中心。但由于每个学习者之间存在着很大的差别，个人经验的不同导致人与人之间对事物和现象的看法存在差异，对知识的需求也千差万别，知识并非是外在于学习者的客观存在，它不能简单地被"传递"，也不能机械地被"复制"，它只能被建构。

自主性学习就是基于问题解决意识来建构知识的过程。在本次教学实践中，通过有意义的问题情境，让学生自己设定设计主题和构思空间场景，然后在具体的三维软件建模过程中，不断地发现问题和解决问题，来学习与探究有关知识，形成解决问题的技能以及自主学习能力，而且，自主性研究学习也给学生们带来了强烈的成就感，一种历经艰辛最终有所收获的愉悦。所有本次课程的期末设计作品有上乘表现的学生无不承认自己曾经历过连续十个小时以上甚至通宵以解决问题。

2. 情境化学习

建立在有感染力的真实事件或真实问题基础上的学习称为情境化学习。建构主义学习理论主张情境化教学并强调知识的表征与多样化的情境相联系，以及根据不同情境来组织课程教学。知识、学习是与情境化的活动联系在一起的。学生应该在真实任务情境中，尝试着发现问题、分析问题、解决问题。知识必须依存于具体情境，具有情境性，创设合适的教学情境尤

为重要，在本文的教学实践案例中，让学生虚构一个设计主题，期末完成一个类似设计投标方案的文本，以效果图表现自己的设计结果，以文字表达设计思路，其中还会有各自所遇到问题的描述。

在传统教学过程中，不太重视引导学生在原有的知识经验中去生成新的知识。而在这次混合式教学中，笔者向学生提供大量的设计资料和建模资料，并运用网络媒体为学生创造交互式的学习和交流环境，如线上课堂 PBL 讨论区及公共讨论区，以利于学生的主动探索和相互讨论，尽量由学生自己尝试解决问题，在新知识与学生内在的原有知识结构之间架起桥梁，提高学生把知识运用于解决具体问题的能力，启发学生通过自己的思考和探索，发现问题，分析问题，解决问题。

3. 合作学习

合作学习是指通过提问、讨论和交流，共享集体思维成果，完成对所学知识的意义建构过程。合作学习主要是指师生之间、学生之间的互动交流，以小规模学习小组为基本组织形式，来共同达成教学目标。在本次教学实践中，运用了线上课程的运行平台超星系统提供的公共讨论区和 PBL 模块，让学生自由发表各自遇到的问题或是作品，每个学生以及教师都可以做出答复，包括作业需要的一些大容量资料的传递。

学习具有社会性，学生有着自己的经验世界和追求目标，不同的学生对某一问题形成不同的假设和推论，而学生之间可以通过相互沟通和交流、争辩和讨论，利用集体智慧共同解决问题，学生共同分享经验，共同讨论感兴趣的话题，相互促进学习。合作学习和交流讨论为个体知识体系之间的碰撞、交流和发展提供了机会，可以使学生了解到那些与自己不同的观点，建构起对知识更全面丰富、更深层次的理解。合作学习还有利于培养学生的合作精神和合作能力，强化团队合作精神。在笔者的混合式教学课堂中，学生被分成 5 人小组合作学习，他们可以讨论遇到的问题，可以交流学习资料，展示阶段作品，同时，小组合作学习也有效提高了教学效率，有些小的技术问题，就由各组中技术相对高的学生代为指导解决了，不需要教师逐个解答一些相对容易的问题，可以集中精力解决那些比较棘手的难题。

四、混合式教学实践引发的思考

建构主义学习理论提出了许多富有创见的教学思想，对我们的教学活动具有重要的指导意义，也对我们当前的教育教学改革产生深远的影响，帮助大家进一步思考如何从“教”为主转向以“学”为主的教学模式。但是任何理论都是完美无缺的，尤其是结合复杂的教学实践，面对千差万别的学生群体，任何理论都需要深入细化地应用在实践中，尤其是要结合实践不断进行调整优化。在此次的混合式教学中收获了不少惊喜，也遇到一些意外的问题，这些问题让我思考在推行以“学”为主，以学生为中心的教学理念所带来的弊病缺陷。

1. 建构主义的观点认为，客观世界是不能被个人绝对真实地反映的，知识不是认知主体对现实的准确表征和对客观规律的正确反映，而只是人们对世界的一种解释，或是对问题解决的一种假设，这种解释和假设不是绝对正确的，而是猜测性的，知识必须依赖于具体的认知个体，具有个体性，同时，知识必须依存于具体情境，任何知识在被个体接收之前，对个体来说是没有什么意义的，也无权威性可言。个人所认识的世界图像是按照个人已有的认知图式和经验，有目的地建构的，每一个主体只能认识到自己所建构的经验世界，不存在唯一的绝对真实的客观实在。学习过程就是建构知识的过程，是在不确定性情境中探索的过程。教学不能把知识作为固化模式教给学生，不要去压服学生接收，应由学生自己来建构完成。该观点忽略了一些在一定范围内已经形成普遍共识的关于世界的认知或图式，否认知识的客观普遍性，过于强化个体性而抛弃整体性，具有唯我论的主观经验主义倾向。

这种过度强调学生主体在认知和建构过程中的主动性和个性化，而不重视知识内容的客观性和普遍性，容易陷入另外一个极端——主观经验主义，从而让求知路上的学生无所适从，产生一些本来可以被教师纠错的偏差。知识或者经验，毕竟也有相当部分内容是被千千万万人历经若干年验证后被提炼出来的客观规律或有效经验体系，如果学生在初期就掌握这些人类共同智慧的结晶，那么就可以在学习过程中少走一些弯路，少犯一些前人所犯过的错误，不必每个人都需要摸着石头过河。而且，学生们毕竟不是富有经验的独立研究学者，在一门通识教育课程中遇到的问题，不可能有太多的时间和精力去独立研究和解决。

在笔者的混合式教学实践中，相当部分学生因为对三维软件的操控相对缺乏天赋，对设计效果的把握缺乏经验，但在本次课程的教学内容设置中，由于对于普遍性的知识点不够重视，过度强调学习的个性化和自由度，导致学习能力弱和相关基础薄弱的学生感到该课程学习艰辛，会遇到众多的难题和困惑，极大地挫伤了学习积极性和学习热情。我们不否认个人的经验和意义建构是有差异的，对知识的理解也存在不同，但是也要认识到知识经验仍具有普遍性和客观性。在教学实践中，一些总结出来的普遍性知识经验是有必要集中讲解的，这样可以大大提升学生学习的效率和动力。

2.建构主义认为真正的学习是发生在主体遇到困难时，学习动机才能得到最大限度地激发。只有当主体已有知识无法解决他的新问题时，才会尽最大努力去寻找用于解决新问题的新知识。建构主义强调以学生为中心，强调学生个体对知识的主动探索及对所学知识意义的主动建构。与传统教学模式不同，以学生为中心的教学结构突出了学生的认知主体性。建构主义对个体意义建构的关注，倡导了主体的能动性，对于充分调动学生学习的积极主动性，促进学生探究性、创造性的发展，有其一定的积极意义。

从教学实践看，学习者在课程的前期阶段，大部分知识还是需要教师的讲授，师生之间的讨论交流也是学习的有效途径。学生在学习的后半阶段，因为各自所做的设计作品不同，需要用到的软件技术不同，遇到的问题也就不同，这个时候就需要学生个体发挥各自的学习积极性主动性，通过交流或网络查询，寻找解决问题的方法。所以，个性化的研究不是贯穿学习的始终，而是侧重在中后期，而学习的前期阶段，还是需要通过高效率的集中传授知识点和前人经验，让所有学生尽快站在前人的肩膀上进行继续研究。早期学习阶段遇到的大部分问题，基本是具有普遍性的问题，也是几乎每个初学者都有可能遇到的问题，对于这类问题的解决，其实已经存在了解决方案，教师需要集中解决这些共同问题，不需要每个学生依托一己之力，低效率地各自去解决问题。

我们应该清楚地认识到，在强调学生的自主学习的同时，教师的集中教学和指导意义是不容忽视的。《教育中的建构主义》中指出："教师需要给学生提供必要的经验，使他们能够科学地理解事件与现象之间的关系。然而，经验本身是不够的。如果要改变学生的理解，使之适应那些已经被接受的科学的理解，那么权威的干预和协调（通常是教师）是必要的。"维果茨基学派也认为，要改变学生的理解，权威（通常是教师）的干预与协调是必要的，这种作用不是阻碍学习者的知识建构，而是促进。所以，教师的集中教学可以是和学生的个性化主动研究并重的，对应不同的学习阶段，而不应过度强调"以学为主"。毕竟，学习的效率和教学结果才是方法有效性的最终衡量标准。[4] 20世纪60年代美国教育学家布鲁纳发起的八年课程改革运动，过于强调学生的独立发现和研究创造，最终导致美国教育质量下滑而不得不宣告教育改革的失败。[5]

3.建构主义还强调个体建构和具体真实情境性教学，而反对抽象和概括，认为进行抽象的训练是没有用的也是片面的。过于强调学生学习知识的情境性、非结构性，这虽然有助于克服教育的空泛性和脱离实际现象，但建构主义过分强调教学的具体与真实，否认知识的抽象性、逻辑性与系统性，忽略了教学中抽象与概括的重要性，其实是走向了另一个极端。

情境化学习事实上存在着学科上的差异性，不同的专业学科的知识属性与特点不同，因此教学方法也应该是多样化的。情境化学习依靠特定情境针对特定内容进行学习，这样的学习缺乏概括，难以掌握一般的普遍规律，难以高效率地进行知识转移，因此，情境化学习只能适应一些特定的学科专业，不应该为了改革而改革，却失去了教学的本质，不仅要寓教于乐，更要高效地让学生有所收获。在笔者的混合式课程教学中，有的学生在做游戏场景，有的是在做VR虚拟空间表现，在该课程的后半段，让学生各自从各自的作品属性出发，进行情境化学习，让学习和研究更紧贴实际。建构主义者乔纳森描述了知识获得的三个阶段：导引阶段，此时学生没有相关的知识经验；中间阶段，学习者须为解决复杂的、依靠背景领域问题而获得高级知识；最后阶段，也称专家阶段，是最后的知识获得阶段，建构主义的学习情境创设最适合在学习的第二阶段即中间阶段。[6]

五、结语

基于建构主义学习理论的教学固然有其先进和优越之处，尤其是结合了当代网络技术的混合式教学手段，学生们可以从过去的被灌输状态转入主动学习状态，但传统的教学也并非一无是处，到底在具体教学中是以"学"为主，还是以"教"为主，我们应该结合各自专业的学科特点和学生状况，做出最合适的教学方案，提高教学效率，提升的学生的学习体验。

建构主义学习理论是一个内容比较丰富的理论体系，是一个框架，它并没有专门针对教育教学活动提出一套具体的操作规程。任何教育理论只有在教学实践中反复验证和优化、提升，才能实现理论的完善，才能更好地指导教学实践，实现其意义与价值。理论是灰色的，只有结合实践、指导实践，理论本身才有价值，建构主义学习理论不应该是固化不变的，需要在具体的教学实践中，不断地调整改变和完善，才能保持理论的先进指导意义，也促进理论自身的发展。END

参考文献：

[1]丁远坤.建构主义的教学理论及其启示[J].高教论坛，2003,6.

[2]陈威.建构主义学习理论综述[J].学术交流,2007,156：176.

[3]莱斯利·P·斯特弗,杰里·盖尔.教育中的建构主义[M].上海：华东师范大学出版社,2002：338.

[4]王旅,余杨奎.建构主义学习理论剖析[J].当代教育论坛,2010,4：15.

[5]谭顶良,王华容.建构主义学习理论的困惑[J].南京师大学报,2005,6：105.

[6]高文.建构主义学习的评价[J].外国教育资料,1998,2.

赖旭东：设计是生命的长跑

撰　　文｜郑紫嫣
资料提供｜重庆年代营创室内设计

所获荣誉包括：
2007年中国室内设计大奖赛酒店类一等奖；
2008年中国室内设计十大年度人物；
2009年中国室内设计 20 年杰出设计师；
2009年国庆 60 周年庆，入选《中国室内设计二十年二十团队》；
2012年亚太酒店设计十大领衔人物；2012 年中国室内陈设设计年度先锋人物；
2013年~2014年中国建筑学会 12 位室内设计年度人物；
2015年中国室内设计十大年度人物；
2016年上海国际室内设计节中国建筑室内设计金座杯卓越奖；
2017年获中国室内设计十大影响力人物；
2017年被《美国室内设计》中文版杂志选入中国室内设计名人堂；
2018年入选中国室内设计 TOP100 设计师等。
多次应邀参与东方卫视《梦想改造家》栏目，完成了“修补时间的家”、“缝缝补补的家”、“彼此依靠的家”、“同甘共苦的家”等广受好评的改造案例。

重庆高等学校室内设计专业副教授
中国建筑学会室内设计分会副会长
中国建筑学会室内设计分会注册高级室内建筑师
亚太酒店设计协会常务理事
上海大木酒店设计顾问有限公司合伙人、首席酒店设计
重庆年代营创室内设计有限公司设计总监

1 设计作品：深海宴

ID =《室内设计师》
赖 = 赖旭东

执业与求学：“求学的过程会打开你的思路”

ID 你是怎么走上室内设计道路的？

赖 我从小就喜欢写写画画，但没有正式拜过师，也没正式学习过，高中毕业以后就参加了工作。以前的工作也是在单位里做宣传、办板报之类的事。我换了好几种工作，全都是做这类内容。最后我在天然气公司做安装工作，后来天然气公司要成立装修分公司，他们看我平时写写画画的，就让我去当了法人。从那时起，我就开始做设计和装修。大概第五年的时候，我陪一个朋友去四川美术学院考试，无意之间考上了，学的就是室内设计，就这样开始走上了这条道路。

ID 你在四川美术学院、清华美术学院、德国包豪斯三个学校都有学习经历，而且是伴随着工程实践。求学对于室内设计实践有什么样的帮助和作用？

赖 我觉得求学最大的好处就是让你冷静下来，拥有充分的时间。那种氛围只有在学校里的时间段才有，人能沉下心来，去钻研很多与设计有关的东西。这些东西当你进入社会后，太忙就很少会关注，也很少有这种心态。另外，求学的过程会打开你的思路，眼界也不同了，有老师传授知识，周围也有很多同专业的朋友。每个同学都有想法，会跟你沟通交流。来自老师和同学间的思维碰撞，比你一个人在外实践时，经验来得更快，学到的东西也特别多，对实践有非常大的理论指导和帮助。

四川美术学院对我来说是一个基础教育，提供给我的是大学生求学的氛围。清华美院是属于成人以后，与其他一些步入了设计行业的人们一起参与的那种培训和交流，它给我带来的是在经历了一段成长后的一些思想上的启发。包豪斯这段时间，一个班大概有三十多个人，很多也是国内的设计师。我能明显地能感觉到国外的教育注重培养动手能力，所有东西都有一个材料库、模型库，让你自己动手去做、去落实。

ID 从初期开始，是怎样的过程让你逐步往商业设计这条路上发展？

赖 因为一些机缘巧合，我从学校毕业后就跟地产商打交道，开始成立的是个家装公司。后来因为我自己的要求比较高，对刷乳胶漆、铺地板这些不感兴趣。我就要求达到一定额度的住宅项目才能接，慢慢这样，公司也就亏了。而且我还有个习惯，就是我做的案子到现场去看时，觉得不满意的地方，会让施工单位把它们敲掉重做，这样反而会带来更大的亏损。所以两年以后，我就觉得这种公司要正常运转是不可能。

最重要的原因，就是我发现这种家装

1-4 设计作品：深海宴

公司，个人诉求特别多，你必须满足个人的诉求，自己发挥的空间就很少。后来慢慢接触到公共空间，我才发现公共空间中设计师表达得更多，可以跟客户说你不能按你的想法弄，要按当前流行的风格或者有前瞻性的思维来做。我会把自己认为好的东西给他传达和分析。这样，能表达自己的东西会多很多，慢慢地就开始做更多公共空间。

刚才提到，我前期在一些客户和项目上有一些亏损，但那时他们就是有一定资金才来请我做设计和装修，已经有原始积累了，后来他们也陆续开餐厅或酒店，就会再来找我做设计。我当时的价格比其他的公司高，项目效果也要好很多，慢慢我做的公共空间也就越来越多。

ID 自己设计风格的形成，主要是受到什么影响?

赖 我并没觉得自己有什么风格，虽然设计师朋友看到我的项目都说，这一看就是赖旭东做的。我认为所谓风格还是和你的审美观念、你的成长经历、你对音乐文学的喜爱方式有很大关系的。处理空间时我有自己的习惯，是慢慢形成的审美，这是一个漫长的过程。如果说是如何形成的，我也说不出来。当然每个设计师都有一个从借鉴开始，直到自己去体验的过程，就像我们每年要带学生外出进行民居考察一样，就是当地的传统文化和符号，通过自己的提炼、概括再表现出来。慢慢地，把这些好的东西收集起来再表达自己，就会形成自己的一种语言。

设计实践：“商业空间是解决大众的问题，住宅设计是解决个人的问题”

ID 你有很多作品在重庆，地域文化或不同地方人的行为习惯，在设计中有怎样的不同表现?

赖 室内设计是符合人体工程学的设计类型，它是一个人的行为准则、行为规范的表现，这些是恒定的，从这方面来说，任何地方都是一样的。我们做的是商业设计，所以到每个地方做设计前，我会跟业主充分沟通，需不需要反应当地文化和地域特征，要根据业主方的要求来设计。

作为成熟的设计师，在处理空间时，早已养成了自己独有的习惯。就像画家一

1-3 设计作品：重庆南温泉丽笙酒店

样，他不论表达什么风格、用什么颜色，我们都能通过他的笔触、用色方式，看出是谁的作品。设计师也是一样，因为长期的印记、长期的审美中，已经养成个人独有的一些东西。所要反应的地域文化，我们称之为表皮，其实无论穿什么"衣服"，骨架是没变的，它是核心。只要针对每个项目都发自内心、按心里所想去做，是谁做的、做得好不好，都能看出来。

ID 为业主做商业空间设计，与在电视节目《梦想改造家》中帮普通人做住宅设计，有什么不同?

赖 商业设计过程的复杂性表现在它从选址定位、针对的客户人群、消费习惯和喜好，我们都会逐一去落实，不像做住宅，针对一个人、一家人分析就好了，商业空间需要针对很多人进行分析。帮自己或帮业主做商业空间，我们态度、处理方式都是一样的。我非常尊重业主方，每次都会说："只要我们给你做设计，我们就在一条船上。"怎样帮你节约造价、怎样表达效果、怎样创造氛围，我都会跟你一起考虑，所以双方后来基本上都会成为很好的朋友。做公共空间，我们可以跟业主方一起来分析风格、色调、方式等如何能让人群喜欢，能够接受。但住宅不是，所以《梦想改造家》和商业设计不一样，需要纯粹按别人的意思做，必须满足个人的意愿。它不是设计师在里面坐一坐的事，房子完成后，人的生活是在里面进行的。所以我经常说，设计师不能把自己的意愿强加于别人，因为不是你在里面住一辈子。设计师是解决问题的人，做商业空间是解决大众的问题，而做住宅是解决个人的问题，两者完全不一样。

ID 很多人接触不到知名设计师，预算也有限，你给普通人布置空间的建议是什么?

赖 我们越来越发现，设计走到最后肯定是空间本质最重要，最近几年流行"北欧风"，我认为设计师应该都赞同那种风格。它的空间界面非常干净，可能就是刷乳胶漆，没什么多余的造型，也没什么奇怪的豪华材料。它是通过家具、陈设、灯具来营造整体空间氛围和设计感的。西方一些非常成熟的工业设计和家具设计也是这样，一两件工业产品可以跟随一个人生活一辈子。如果搬家，同样也是简简单单的空间，可以把原来家里的所有的家具、灯具和饰品置入另外一个屋里，都是自己熟悉的东西、熟悉的氛围，家的温度在延续。

所以作为普通人，要把自己的空间的动向和功能梳理得非常清晰。我的建议是将空间简单地用乳胶漆粉刷一下，然后用大量资金用来购买你喜欢的家具、艺术品、灯具这些物品，不要去贴大理石或弄些奇奇怪怪的东西。这是非常有效、非常出效果并且节约的一种方式。如果你要搬新家，这些好品质的东西会跟着你延续，一直走一辈子。

ID 你的设计充满细节，比如见涨火锅店里顶棚垂下来的铁链子造型就很特别，类

1-3 设计作品：重庆见涨老火锅

似这些材料的运用，以及特别的手法都是怎么想到的？平时设计灵感来源于哪里？

赖 见涨火锅店它的定位是重庆老火锅，所以我们会产生广泛的联想，哪些东西能代表重庆，比如重庆的山水和重庆的码头文化，所以就有了空间中的那些装饰和体量。顶棚上挂起来的形体像山的剪影，我们又做了水池，置入了大的卵石，有很多锦鲤，寓意山水之都。

说到灵感，我们做商业空间时，与画家的那种灵感是不一样的，设计师是靠长年的经验累积，遇到什么问题、甲方提出什么问题，我们就解决什么问题。我觉得灵感对我们来说是很少的，因为脑海中对于这种空间的处理方式、表达方式已经有很多种，这是长年累积下来的，只是针对这个特定的空间，在其中选择一种。

做《梦想改造家》时，他们会认为你是用了很多心思来做。我说，三四十个平方，一天就搞定了。而且我会把设计做得很细，这在我来看不是一个很难的问题，因为这么多年要处理的空间问题遇到了太多，已经多年积累下来深深地印在脑海里了。不管遇到什么问题，我脑海中马上会弹出很多解决方式。当然每个设计师对问题有不一样的处理方式，这与设计师的个人成长、文化背景、审美有关。

ID 你说过“设计师在商业上的成功很重要”，具体来谈谈？

赖 这是肯定的，我一直从事设计教育，常跟学生说，我们跟艺术家不一样，艺术家可以追求情感上的美，而我们要追求理性上的美，因为我们做的任何东西都要符合人的行为准则，要人看着舒服、用着舒服，这几点最重要。一个商业设计师如果做出的项目只是业内叫好，或者拍出来的照片好看，对业主方来说其实并没有实际的回报，如果开业没多久就垮了，真的不算一个好作品。这样的设计多做几个，我估计没有业主愿意再找你。

当然设计还包含情怀、艺术，还有妥协的问题，也就是感性和理性的协调。所以我在演讲中提到，我们设计师做的首先是商品而不是作品，但要做成有艺术价值、作品价值的商品，这样的设计师就是成功的。一个成熟的设计师，都是发自内心在做设计，不论任何风格、调性、材质，都反应了他过往的经验以及个人的特征。当然设计这个行业是传播、制造和倡导美学的职业，设计师必须是有前瞻性的。因此，如何引导大众的审美倾向，这是设计师责无旁贷的责任。但优秀的设计师不可能也不应该完全顺应大众审美，否则，就不是设计师而是大众了。设计师需要从大众审美的趣味中，提炼出跟未来相吻合的情趣，这是我们设计师应该做的。

积累与展望：“快速奔跑是为了有资本慢下来”

ID 目前还会给自己提什么新要求，或有什么新期待？

赖 作为设计师，我们应该算老前辈了吧。

只要我们坚持下去，总有东西在不断地涌入。设计是靠经验的累积，只要坚持下去，累积得越多，把控能力肯定会越来越强。而且设计毕竟也是时尚产业，只要坚持，案子只会越来越好，而且能保持当下性。这当今设计圈很多出名的设计大师、建筑大师都是如此，在年龄很大的情况下依然还在做设计，而且做得非常棒。

我非常热爱设计，设计已经融入到生命里。除了设计，我也做不了什么。我会一直坚持走下去，直到哪天突然对设计厌倦的时候，我就会自动放弃，因为在那个时候也做不出什么好东西了。

ID 从设计师的作品中能窥见他的人生态度，自己平时喜欢怎样的生活方式?

赖 当然肯定是轻松一点的，平时喜欢吃啊，有空喜欢旅行、游学什么的，这对我们脑力劳动者是很好的缓冲。当然我是特别好客也喜欢热闹的一个人，希望有朋友常常聚在一起，特别的爱好也没有，就是喜欢和朋友聚、跟自然聚。

ID 作为知名设计师，对于国内新一代的设计力量有什么建议?

赖 我建议那些想坚持在设计行业走得长久的年轻设计师，一定要耐得住寂寞，努力积累设计的经验，积累作品的厚度，向好的作品学习，才是设计师的正道，抄捷径是注定要失败的。

ID 回顾多年从业经历，什么是对于设计师最重要的?

赖 作为设计师，有两点我认为特别重要，首先是要避免被利益和诱惑控制，诱惑会影响你的思维能力。因为在利益面前，所有人都容易迷失自己。这时，设计师需要静下心思考，我们究竟是为当前的利益呢，还是为长远、为未来打算? 这是一个严肃的课题。

其次，作为设计师应该对自己要求严格。我们公司的设计师面对我的挑剔，经常都会说一句话："赖老师你不要要求太高了，客户都满意了。"我说："客户满意就没有问题了? 客户都是行外人士，如果我们都不严格把关，慢慢地我们就变成行外人士的审美了，因为你跟他们的想法变成一样了。"还有我一直反对以经济效益为"纲"，衍生出的"快速食品"和"快速消费"对传统和优雅生活的侵蚀，因为它无法让我们沉浸到生活之中去体验"美"，这时，我们会承不住心。

我们在快速地奔跑时，对生活的常态是走马观花，难以脚踏实地。好设计的前置条件是设计师必须理解生活、理解美，否则，面临设计问题，我们是应付不下来的。当然，短时间内快速"奔跑"也有一定的好处：在短期内将会经历的很多事情，一旦停下来慢慢思考，让经历过的事情变成"阅历"，慢慢地来总结就会悟出其中难以言说的道理。

快速的奔跑总有慢下来的时候，而设计是生命的长跑，需要用意志去控制节奏。快速奔跑是为了有资本慢下来，这是我们对曾经的得失的总结，对设计师的设计生涯肯定有很大的帮助。END

先锋松阳陈家铺平民书局

LIBRAIRIE AVANT-GARDE, CHENJIAPU CIVILIAN BOOKSTORE

摄　　影	侯博文
资料提供	张雷联合建筑事务所

地　　点	浙江松阳
设计单位	张雷联合建筑事务所
主持建筑师	张雷、戚威
设计团队	马海依、洪思遥
建筑规模	338m²
设计时间	2016年
竣工时间	2018年6月

1 半透明的盒体悬浮在内部空间的正中间
2 崖居聚落形态

项目位于中国东南内陆的丘陵山地，独特的文化与地理条件，孕育了项目所在“陈家铺”的崖居聚落形态。地域性是项目无法回避的重要维度，项目设计将建筑师的个人风格谨慎地隐匿于地方的工匠传统之中——材料恪守地方原则、谨慎地处理和自然相关的开放性。

工匠传统

改造项目的起点，是村民礼堂旧址，其在整个聚落中已经是体量庞大的公共中心之一，是村落中大半个世纪之前建造的新建筑，一个 11m×18m 见方的 2 层高空间。

设计在其西南角增加了单层体量，包括其屋顶的观景平台，将原来较为封闭的会堂建筑体量变得更具公共开放性，回应了外部景观的开放性。建筑内部开敞的两层空间的正中心是一个悬浮的半透明盒体，贯通至屋面天窗，形成柔和的自然光容器和内部空间的中心；“冥想”的功能主题，也使得这里成为图书馆仪式感的顶点。少量的玻璃、阳光板这些纯净的半透明材料，作为传统木结构的背景存在，空间的划分组织依然附着并强化了原有传统材料的形式秩序。金属、玻璃、混凝土这些当代材料形式被表达为抽象的几何界面，灰泥、原木、麻绳这些材料的物质性越发强烈。原有木屋架的次级联系杆件被大量增加，形成空间顶面柔和深邃的界面，顶面成为一个逐渐消失的边界。

设计除了西南角 3m 见方的玻璃盒体，几乎完全延续了建筑外部的建造特征。新的设计克制地调节了内部光线和外部景观的戏剧效果，新的书局、之前的会堂以及周围更加年代久远的老村子形成了连续生长的聚落文脉肌理。

阅读空间

作为村庄中的小型图书馆，以及运营方先锋书店希望拓展的乡村书店，其内部流线组织的功能性并不存在太多限定。建筑内部轴线对称的布局，同相对独立的三个不同楼梯台阶引导的三条起伏的竖向动线，形成视觉和穿行体验的复杂性、静谧和开放、围合与通透。

主入口正对一个通高的宽阔走廊，一侧是整齐排列的书架，而靠外墙的一侧则是白色实体墙面上巨大的无框玻璃窗洞，透出旁边小巷的灯光，以及偶尔闪过村民的匆匆身影。转过走廊的尽头，是阶梯状的阅读空间，沿台阶阅读座位一侧的建筑实墙上开出面对峡谷的大窗，这里也是书局聚会分享的场所，作家阿乙、诗人余秀华等都曾经在这里和游客村民分享他们的故事。拾阶而上到达突出建筑之外的观景

1 朝客道打开的落地窗

2 建筑外观

3 总平面

4 入口

平台，这里也是村中浏览山峦风光的最佳位置之一。另外两条动线分别是到达书局中心悬浮冥想空间的直跑梯，和串联咖啡座席以及两个研讨聚会空间的功能性路径。

每个作为浏览、阅读或交流的空间都有其明确的围合边界，同时保留读者和自然、读者和空间、读者和读者之间对话的透明性。

公共性

先锋书店是南京一个成功的城市书店范本，拥有众多的忠实客户，近年来出于文化传播的责任和企业品牌创新的目的，不断投入了多个乡村图书馆的建设，去激活传统聚落的价值，形成城乡互动的公共性。书店为消费者带来独特阅读体验的同时，也是村中老人和孩童休憩学习的基础设施。两种功能并置的结果，是形成新型的公共空间。民俗百科的藏书主题，结合地方手工艺传统的文创周边产品，以及定期举办诗文交流活动所形成的场所吸引力，不仅存在于原住村民和游客之间，而且在更大空间维度架设城乡之间的桥梁。而建筑师的工作是为这个生动的场景创造恰如其分的平台，以先锋陈家铺书局为景窗，让游客和村民看到了不一样的山村、不一样的自然，以及不一样的世界。

书店自 8 月中旬对外开放，取得了出乎意料的成功，这个海拔 800 多米，距离最近的大城市也有三个小时车程的偏僻山村，每天要接待数百来自远方的客人，更有以万计的收入，大大出乎先锋创始人钱小华的预料。先锋书店也定期邀请著名作家诗人来书店分享，书店对面的一栋民居被改造成作家创作中心供他们来山村常住。一个小小的改造项目给已经空心化的陈家铺村注入了新的活力和动力，也必将改变这个偏僻山村甚至是松阳这个浙南边远县城的命运。END

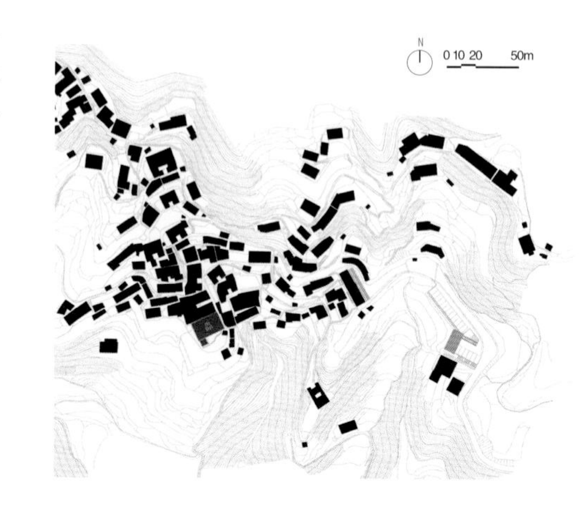

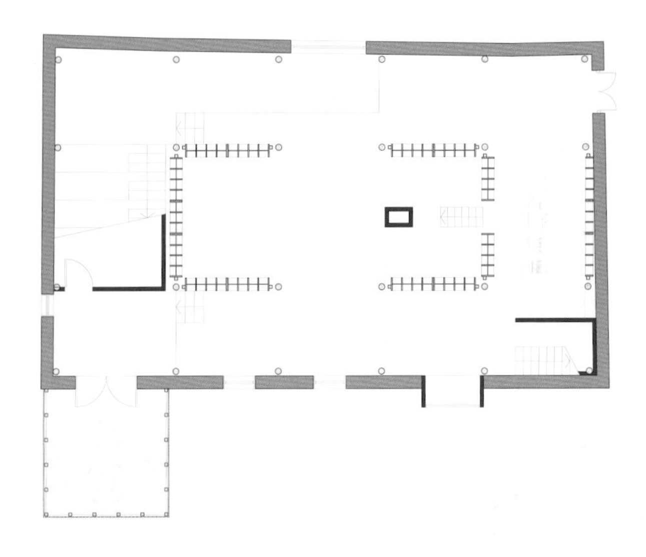

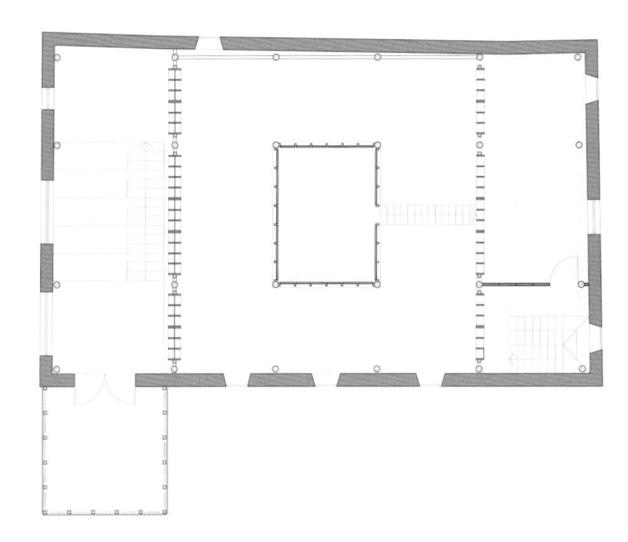

| 1 | 3 4 |
| 2 | 5 |

1 沿台阶阅读座位一侧的建筑实体墙上开出面向峡谷的大窗

2 阅读空间的窗景

3 一层平面

4 二层平面

5 拾阶而上到达突出建筑之外的观景平台

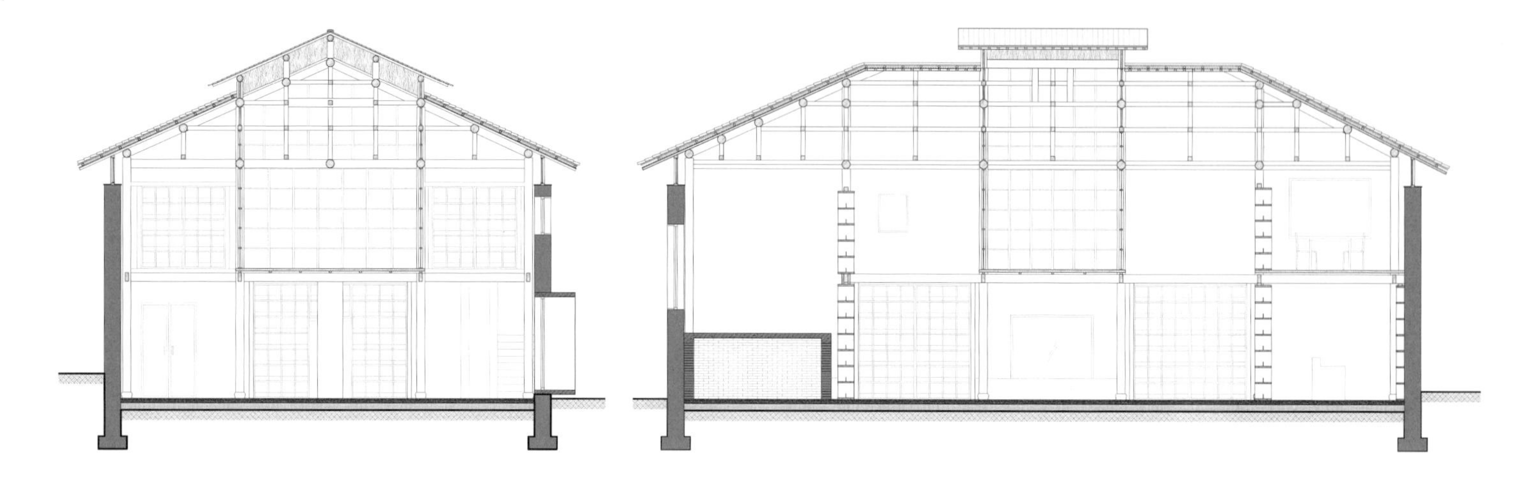

1.2 剖面图

3 顶棚细部

4 主入口正对一个通高的宽洞走廊

莊館酒吧
JOHN ANTHONY

摄　　影 | Jonathan Leijonhufvud
资料提供 | 联图（Linehouse）

地　　点 | 香港铜锣湾新宁道一号利苑3期B01-10
设　　计 | 联图（Linehouse）
客　　户 | Maximal Concepts
面　　积 | 700m^2
竣工时间 | 2018年

1 入口

2 除了复古怀旧的风格外，设计师还点缀了许多东西方风格交融的细节

莊館是香港一家主打粤式点心的新派中菜馆。餐厅概念源自1805年历史上第一个入英国籍的华人John Anthony。彼时John是东印度公司的雇员，远渡重洋抵达东伦敦港区的Limehouse，为上岸的中国水手安排食宿。后来，他成为了Limehouse中国城的奠基人。

室内设计以John Anthony的航行为灵感，旨在探索东西方建筑风格和材料的融合，在东西方交融的建筑风格中融入更多东方细节，将一座英式茶屋摇身一变改造成一间中餐厅。

进入餐厅要沿一段台阶拾级而下到地下层，两侧墙面是嵌有大片白色金属网格的背光玻璃板。一些主要设计元素在餐厅入口处就得以窥见一二——陶土色的墙、粉色瓦片铺贴的三层挑高屋顶和石灰绿色的水磨石地面，高层的镜面将半圆拱顶无限反射。

设计师对旧时港区的仓库重新诠释，打造出以拱顶元素为主的堂食区，重在呈现空间在垂直面上的交错变化和明亮感。两侧几根顶天立地的灰粉色立柱，上端与顶棚相接，外延成扇形和半圆，垂直而下以白色金属边框包裹，与陶土色的墙面相接，又增添了一份玩味感。

在呈现茶餐厅复古怀旧味的同时，设计师点缀以东方及西方的细节，如木质台面与玻璃灯架的组合、藤编沙发椅座和金色与栗色为主的印花。吧台正中悬置4支巨型金酒酒柱，均为餐厅自家酿制，以"香料之路"上发掘的各色原料酿就。

高处的拱形装饰玻璃背光板使得室内光线可以随着白天黑夜切换而变化。吧台也沿用了拱形设计，一排拱形玻璃陈列柜中藏酒丰富。顶棚上悬挂而下的白色金属灯架配合客定的木制灯罩营造出仓库的工业感，墙面则由定制的手做黄铜灯点亮。

堂食区旁边，是由一系列延续的小拱顶打造出的相对私密的用餐区。蓝绿色手工瓦片铺贴的拱顶一直延续到厨房及其他空间。一排绿松石帘幕将堂食区和其他空间分隔开。

设计师试图在空间中还原John Anthony在航行中可能接触过的材料，如手工上色的瓦片和织物、手编的藤沙发以及天然质感的墙面和陶土。

包间的墙面全部由手工上色的砖片铺就，上面绘有如药用罂粟和东方异兽等18世纪中英贸易往来中的商品。堂食区的地砖则由从旧村屋屋顶回收的陶瓦铺成。

吧台背后还设有一排卡座，沙发椅背了采用和大堂同样的花卉图案，从木制隔板的缝隙依稀可以看到调酒师忙碌的身影。卡座之间用奶油白麻质挡帘隔开，滑杆是黄铜质地，顶棚挂着手工扎染的靛蓝布匹，波浪般的造型象征着航海的岁月。

洗手间的设计取材自东西方香料贸易的历史，墙面是定制的绿、深黄及绿松石色层压板，洗手台是黄铜定制款，半圆拱形顶棚也刷上了绿色。洗手间隔间的顶棚则由回收的塑料管排列装饰而成。

在整个设计中，可持续的理念贯穿始终，体现在室内装饰和餐厅经营的各个方面。杯垫和餐牌由废弃塑料升级改造制成，地板砖是回收的陶瓦，沙发和座椅使用了坚固耐用的藤条，每一处细节都彰显着对环保的重视。厨房使用的食材也全部来自秉持可持续经营理念的可追溯供应商，在器材设备的使用上也始终注重节能。酒类也均来自环保的葡萄酒庄和精酿酒厂。END

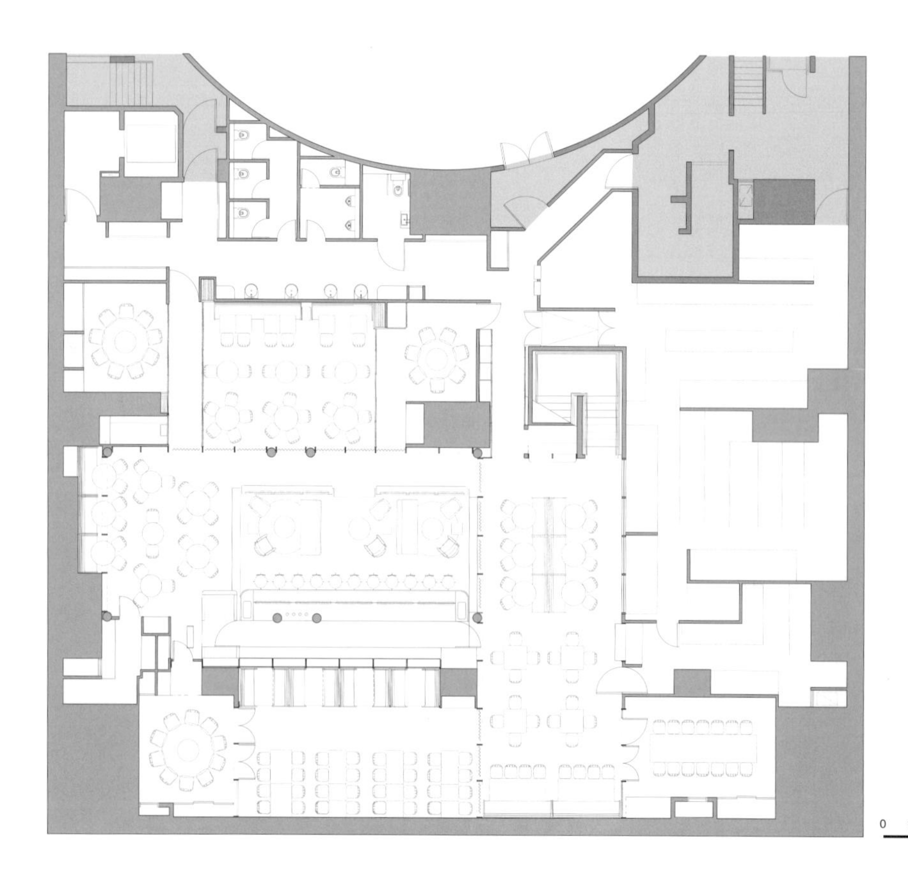

1 拱顶元素的堂食区

2 地下二层平面

3 通往餐厅的台阶，两侧墙面嵌有大片白色金属网格的背光玻璃板

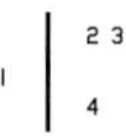

1 吧台延用了拱形设计

2.3 一系列延续的小拱形打造出的相对私密的用餐区

4 卡座区的沙发椅背采用和大堂同样的花卉图案

| 1 2 3 | 4 |

1 洗手间的设计取材自东西方香料贸易的历史

2 洗手间隔间的顶棚则由回收的塑料管排列装饰而成

3 剖面图

4 包间的墙面全部由手工上色的砖片铺就

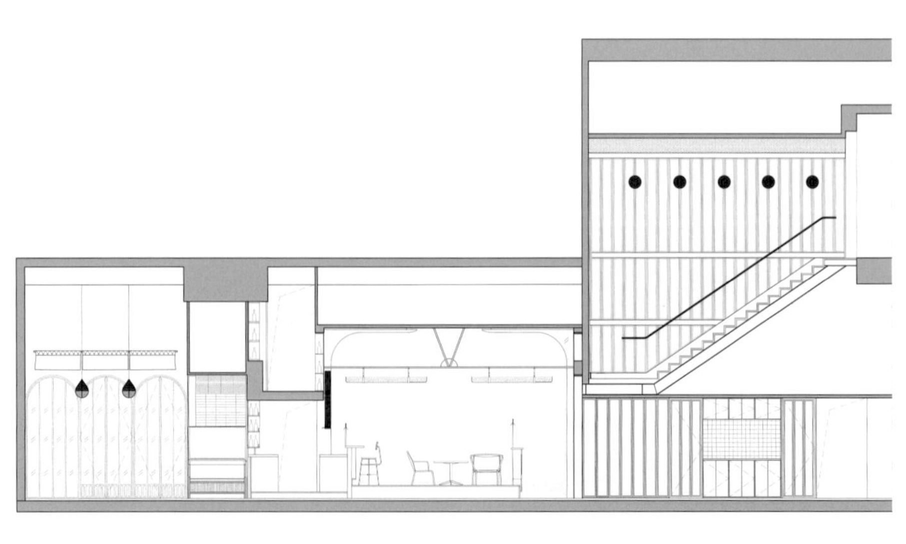

江南壹号院生活体验馆

JIANGNAN NO. 1 COURTYARD LIFE EXPERIENCE HALL

摄　　影	范翌
资料提供	gad绿城设计

地　　点	浙江杭州萧山区钱农东路
建筑设计	gad绿城设计
团队成员	张微、李伟、胡家梁
建　　筑	李伟、胡家梁
结　　构	叶晓萍、张郑超
给 排 水	聂莉
暖　　通	潘尤贵
电　　气	陈国平
室内设计	CAC/上海卡纳建筑装饰设计工程有限公司
景观设计	IPD/澳洲艺普得城市设计
项目规模	2304m^2
设计时间	2017年11月~2018年5月
建成时间	2018年8月

1 富有韵律及细节的白墙
2 用现代材料致敬传统江南空间
3 静水池与建筑的"互动"
4 天井鸟瞰

如果说设计是在诉说一种智慧、某种品质或关于美的感受，文化则是隐于设计手法下的思想脉络。在传统观念里，东方建筑崇尚委婉含蓄的品质，避免铺陈直叙的表达。在江南壹号院生活体验馆的设计理念中，我们则以现代语言回应传统江南院落的精神特质。

场所意象

建筑位于杭州萧山科技城，场所内临湖的景观优势使其增添了份江南水乡的灵动。"人"字型斜坡屋顶与极简白墙、黛瓦元素给人以鲜明的视觉印象，形成连续而富有韵律的整体界面。入口处采用仿木杆元素，形成半透的帘幕效果。建筑立面与景观小景的结合，刻画了一副江南山水的绝妙画卷。起伏的屋顶带来空间的丰富状态，这种起伏的状态似乎在宣示设计者对连绵山峦的偏爱。同时，我们也将外立面的语言符号延续至室内，呈现出纯粹动态的屋面。

院落精神

传统院落中的天井，强调精神性与归属感。建筑同样在空间设计回应了这一观念，整体上如一处围合的宅院，其内部功能组织围绕着天井式中庭组成。踏入前厅内，迎面即是景观中庭。自然光线透过中庭玻璃成为一处室内光源。四季更迭，光影变化，都像是被收集于这透明的景观容器内。与水景的结合，灌入这四方空间一股轻盈的流动感与鲜活的生命力，回应区域内临湖的环境特征。

虚实体验

当我们游览园林时，时常流连于园中曲折回环、亦实亦虚的景观。在体验馆设计中，这种造园手法被运用在建筑空间内，意在营造一种虚实相间的空间序列。诸如在沿湖的转角处采用的玻璃材质，与白墙黛瓦的江南建筑元素，形成虚与实、现代与古朴、室内与室外融合相间的形式。

在本案，我们试图刻画对传统江南建筑的理解，挖掘生长于空间中的文化根源。未来，如何以现代语言表达东方建筑的独特气韵，gad 在思索更多可能的诠释方式。END

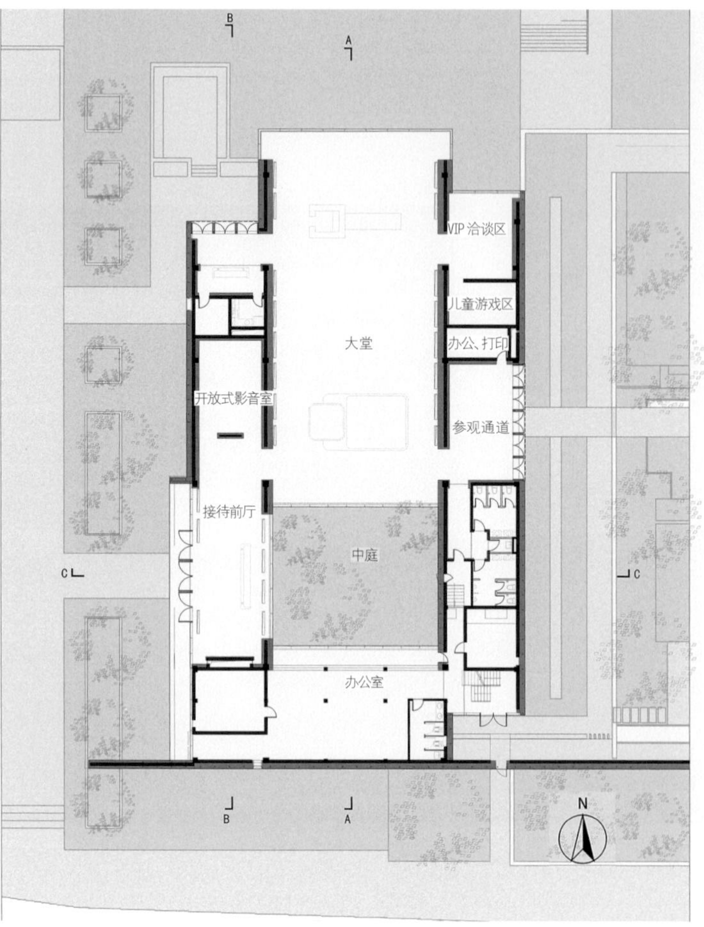

1 2	4
3	5

1 建筑细节

2 呈古典对称式的平面

3 虚实相生的立面

4.5 室内空间

申山乡宿一号别院

SHENSHAN TOWNSHIP RESIDENCE

摄　　影 | 金刘鹰、阿坡
撰　　文 | 叶建荣、袁玥
资料提供 | 古木子月空间设计

地　　点 | 浙江衢州
设计公司 | 古木子月空间设计
主创及设计团队 | 李财赋、赵铁武、王军政、胡荣海
陈设设计 | 胡荣
建筑面积 | 600m²
项目时间 | 2017年3月~2018年3月

1 | 2 3

1 室内细节

2 下沉式活动区

3 大面落地玻璃与微景观

2017年3月，申山乡宿的业主方找到设计师，希望能够将手上的60亩土地建成一个高端民宿集群。这块土地是当地一块工业废弃遗址，原先是水泥厂，水泥厂停产后，这些旧厂房一直被用作炼铝、制作水晶等，极不环保。设计师在考察后和业主方进行了细致的沟通，决定以"工业遗珠、秘境花园"为主题来打造这一地块，利用水泥厂的历史痕迹和周边的景观资源，建成集民宿休闲、生态旅游为一体的文创休闲综合体。因为项目所在地有一处猴山景观，因此得名——申山乡宿。

项目分为三期进行，首先建设的便是一号别院的民宿项目。这个别院的原址是一幢1990年代的三层小楼，是原来工厂办公所用。旧楼在外观上呈凹字形，分三层，每层面积约180m²，对于民宿项目来说，项目原来的空间布局和开间体量无法满足正常的功能使用，设计师需要对空间布局作出更合理的规划和调整。项目定位于度假和休闲概念的精品民宿，如何完善项目的接待功能、如何提升客房的舒适度、增加采光和休闲面积、如何协调项目和景观的关系，成为设计改造中的三个重点。

而在项目的实际改造中，保留和拓展成为了项目的两条主线。一方面，设计师需要保留原建筑的主体结构和特色，并进行建筑表面的肌理与形态改造，使自身成为所在区域的标志和景观，成为吸引客户的卖点；另一方面，设计师又要拓展建筑的空间和功能，使其具有更大的舒适性，更开放的视野。

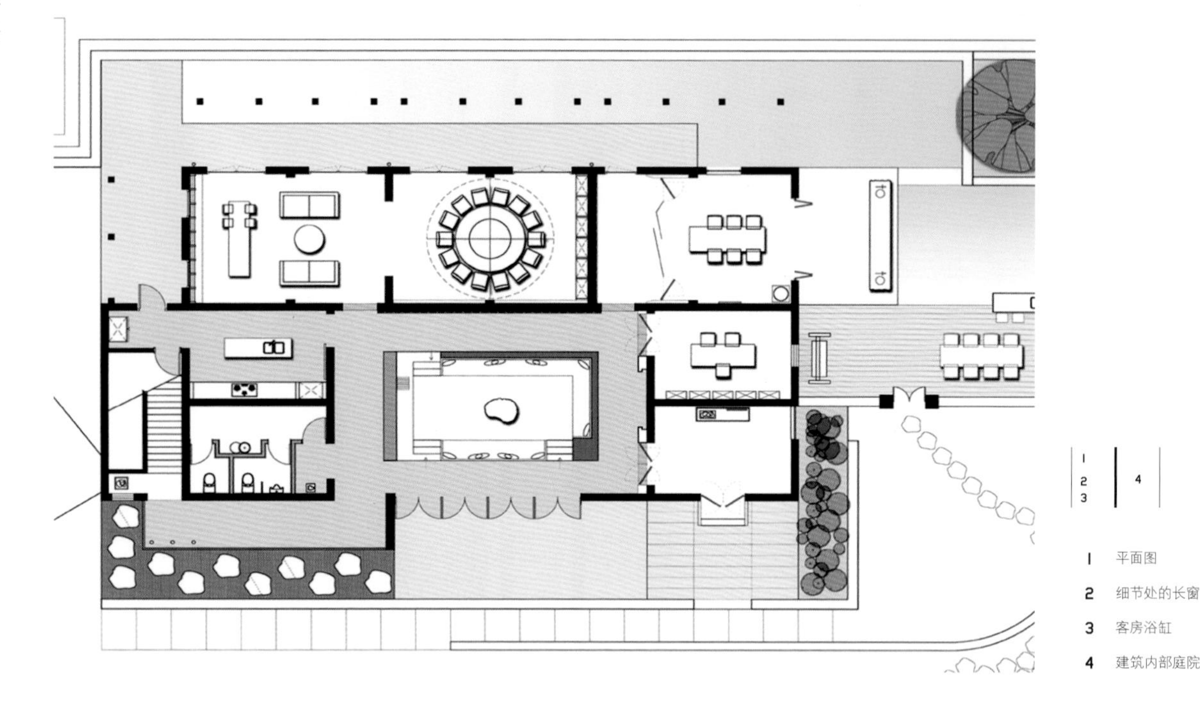

1 平面图
2 细节处的长窗
3 客房浴缸
4 建筑内部庭院

在规划上，考虑到房间的舒适度与完整性，设计师将一层全部用于公共使用，兼具接待、娱乐、用餐等功能。房间则被统一设置在二层和三层。使得活动空间与休息空间上下分隔互不干扰。为保证舒适性，原来的 20 个房间被整合梳理为 8 个，其中二层 5 个客房、三层 3 个客房。

一层的改造是整个项目的基础，建筑的整体外扩以两层包围的形式来完成。首先连接凹形建筑的两端凸出，围合内陷部分，加盖平顶，实现第一层包围，从而拥有了民宿的接待大堂。大堂以下沉式会客区的形式呈现，不仅在视觉上拔高了大厅的层高，也使得一层的各个功能区分更为立体。

在第一层包围的基础上，设计师整体外拓 2m，构建第二层包围。建筑外围的部分设计庭院、连廊和景观池，走廊外是大面积的落地玻璃，最大限度的引入光线，并将法国梧桐、斜坡屋顶、水泥塔楼和碧树远山纳入视线。层层包围，不仅满足了项目的空间功能拓展需要，也实现了一层公共开放区（接待大堂）、半开放区（茶室、餐厅）、交通空间（楼梯、过道）和二层公共空间（露台、走廊）及私密空间（客房）的有机过渡和关联。

一层的两层包围，为二、三层的空间拓展，包括景观阳台和露台的设计奠定了结构基础。为了营造良好的视觉感受，设计师在上面两层均设计了大面积的公共露台和私人景观阳台。二层中央为景观露台，三层则是双露台，中间设计景观天桥，视野良好。入住的客人即可以三五好友相聚在露台上把酒夜话，放眼长空，也可以在客房阳台躺椅沐浴日光，耳鬓丝语。

室内选材大多使用原木和水磨石，呈现自然的质感，主调是纯粹的白，黑色框线作为辅助、勾勒。项目保留了楼梯采光的人字型窗格，选择旧木板和自行车作为装饰，编织工艺的淳朴韵味与金属制品的现代格调相辅相成，在富有年代感的细节中，品味当下生活的不凡意趣。床铺、茶座在布置中显得较为低矮，陈设也偏于简洁，饰物虽少却很细致，能烘托起应景的氛围，以此营造出亲近自然、享受当下的舒适感。

整个空间尽可能的从周边环境中汲取灵感和用材，旧建筑改造的价值不只在于让空间满足当下的功能需求，设计也不是在拆除与新建中消耗有限的资源，更多地是在限制中寻求突破，在新旧间找到平衡，赋予旧建筑更为长远的生命周期，让物性延绵，让环境持续。END

1	3 4
2	5

1.2.5 客房

3.4 客房细节

红公馆夫子庙店

RED MANSION SHOP ROUGE GOUACHE RESTAURANT

撰　　文 | 陌东西
摄　　影 | 李国民
资料提供 | 名谷设计

地　　点 | 江苏南京市夫子庙贡院街
设计团队 | 東琪及道
主持设计 | 潘冉
陈设设计/执行 | 名谷设计机构蜜麒麟陈设组
特约艺术家 | 乐泉、乐晓菊
项目面积 | 2200m²
竣工时间 | 2018年7月

1 标志性旋转楼梯
2 接待大堂

柳如是的胭脂

船歌荡回在红墙，拍打河岸的一绿波水，六朝烟雨十里秦淮，在冗长的生活杂役中煲出浓浓如浆汁般的绵绸。夫子庙正殿以西百米处，面北拾阶而上，贡院街 17 号的大门不知从何时开始敞开迎客，据说民国时为大世界歌舞厅，骚客繁华。如今红公馆中餐厅造店于此，桨声灯影处的一抹绿红与八艳佳话的幻像来回切换，场域给予的直觉印象，条件反射的想到柳如是，我只认她是个爱国诗人，曾以男妆相自名"柳儒士"，传统社会一介女流，却有着深厚的家国情怀，明亡之时，携夫殉国未遂，夫降清廷，极力劝辞，资助义军，可见民族气节，与名士往来，纵论天下兴衰，盛泽时曾说："中原鼎沸，正需大英雄出而戡乱御侮，应如谢东山运筹却敌，不可如陶靖节亮节高风。如我身为男子，必当救亡图存，以身报国"，最后，为护亡夫产业，结项自尽吓走恶棍，一代才女也终结了一生。八艳之中，最有风骨的女子，志操高洁，美貌自当脱俗。五百年后的女子出入奢侈一族，再整妆容，或可涂抹一下柳如是的胭脂。

体征

以"探索"为主题展开平面布局，沿街面不足 9m 开间的两层店铺，规划两千余平方无自然采光空间，可谓清奇。一层布置门厅、民俗博物馆、堂食区，三个由外而内的递进式单元，门厅引入传统建筑"藏经阁"的概念，将咨询服务、休息等候、地域性格融为一体，空间按轴线对称布置，吧台以传统食盒的形态为原型，植入灯光并艺术化处理直奔主题。背景以秦淮风光为题材创作的浅浮雕升华了地域环境的特色，墙面转折处均采用切角设计，柔化界面过度。

由钢板制作的拱形门廊进入民俗博物馆，像是通过古老城门的缩影，进入由记忆包裹的深巷，门廊两侧分别布置微形照相馆和账房，并横向展开老物件的铺陈展示，围绕着衣、食、住、行的主题，诉说着那个时代的生活点滴。博物馆是通往堂食区和二楼用餐区的必经之路，希望通过的食客在一个具备回忆的空间稍作逗留或整理，并与之产生进入古典语境的准备。继续往里由拱门进入一层堂食区，就餐单元由顶面分割所引发的组团律动，带动着平面单元式组合，并由在空中作横向延伸的灯具作出竖向呼应，单元顶面的阵列表现，由黑色的缝隙连接，繁复而交叉的设备系统被整理消隐在缝隙之中。

通往二层的竖向交通，由黑钢板与珊瑚红大理石制作的旋转楼梯连接，并放置在独立的空间内，逻辑设定为，一楼到达二楼是由空间连接完成的，楼梯只是空间的一部分而已。于是，除了婀娜盘旋的梯段完成基本输送功能，更重要的是需要行动的趣味，空间限定采用犹抱琵琶半遮面的将竖向系统，用精工制作的铜质格栅，违合出"中庭"的透视感，而"中庭"是需要"轴心"来建立心理依靠的，斗拱说："我才是轴心，不是谁都可以支撑中国性的力量部分！"于是以传统建筑构件"斗拱"为原型创作的艺术吊灯，顺利占据了

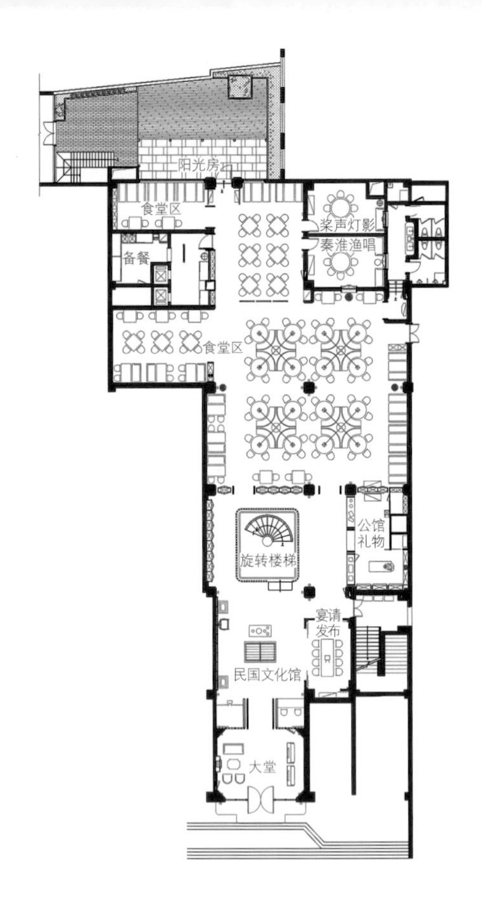

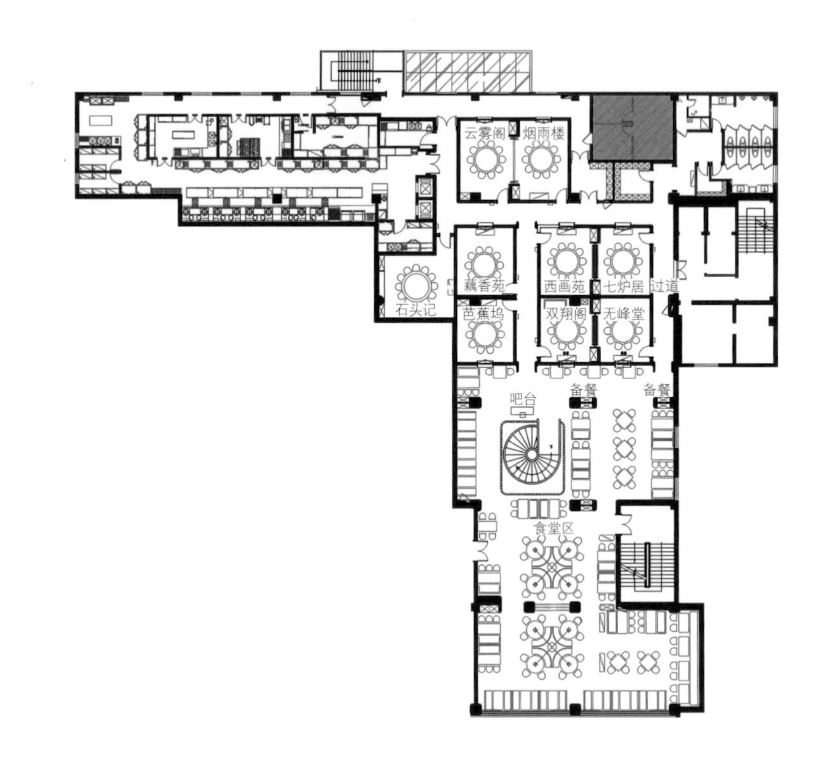

1 一层平面

2 二层平面

3 廊道

中庭的核心，与旋转的梯段一起成为行动的组织者。

进入二层，空间被化分为开敞式就餐与私密就餐单元，首先进入眼帘的，是由拱形门廊引发的连接各包间的通道，包间入口的位置有意与对门作出避让，并以红楼梦、西厢记、桃花扇等文学戏曲名篇作为各包间的叙事主题，突显性格的同时，功能建设亦有精彩，环绕墙面的线脚与主题画框线角，均采用 1cmX1cm 的实木阳角 45° 叠合做法，在不同的空间维度上作出阐述，或收边、或分割、或刻画细部，形饰语汇在不断的重复中建立记忆。

二层沿街面的开敞式就餐区，本可以与街面的行人产生视觉互动，却因历史建筑立面保护的条件设立而变得遮蔽，整个店面唯一一处拥有自然采光的位置，固然不能放弃建造的智慧，用古法玻璃与框架建立的视觉遮蔽界面，可以很好的让光线顺利进入，同时屏蔽纷乱的外部形态，顶面有序的木质分割中，局部嵌入浊银镜面，有效的拓展了空间纵深感，也可将街面动态部分输送到室内。

空间主体气氛以深灰色木饰面为主，精致的线角铜艺贯穿其中，搭配粉色系的主题表现，家具亦呼应空间，采用大量深色编织藤面的古典做法，搭配粉蓝色布艺相得益彰，厚重的历史长河与婉约瑰丽的秦淮妆容，在一个空间内完成了对偶的诗话。

行动的逻辑

生活美学的信众很难对逻辑表示认同，对空间的渴望亦是隐性的，除非来了个较真的建筑师，一边画着草图一边解释："一楼到达二楼是由空间连接完成的，楼梯只是空间的一部分而已"。还有对建设保有自信与经验的业主，面对低矮的建筑层高满脸沮丧，千秋大计毁于一旦的刹那，身着圣冠铠甲的建筑师踏云而来，诙谐地告诉他："有趣而生动的空间与层高没太大关系，空间张力才是制胜的法宝"。再有喜明者拒绝黑暗，喜暗者拒绝光明，他们只接受在文学里有"伏笔"，在佛法里有"谦卑"，在音乐里有"律动"，却很难享受建造过程的此起彼伏，空间的变化折射出动态逻辑，从不局限于先入为主的线索设定，因为什么所以什么，无形中陷入到功能运算的深渊，就像在"线索逻辑"中，1.9m 身高的人需要睡 2.2m 的床，在"动态逻辑"中根本不需要床。

流变的形饰

不知何时"形饰"作为表皮化的嘲讽，似是缺少内涵的表现主义，或多或少的应合了浮躁社会的价值核心，而偏离其解释美好的本质。2500 年前的春秋鲁班团队、1800 年前的魏晋竹林团队、1000 年前的赵宋士大夫团队、500 年前的朱明文人团队，似乎并不在意结果走向哪里，却让建造、思想、生活、美学极尽繁华夺目的过程，那种以自我为中心，忽视公共空间生长的事实，在当下的社会语境中，更像是调节天枰的砝码。当价值观念指向西方，曾经的文明缺陷，亦可转化成新时代回归理性的基石，形饰再次登上中华后现代的舞台，成为生活的细节、情感的补充、建造的润滑剂。如果说古典之美在于骨骼健全的形饰，那么自信之美便让形饰有了重生的意义。END

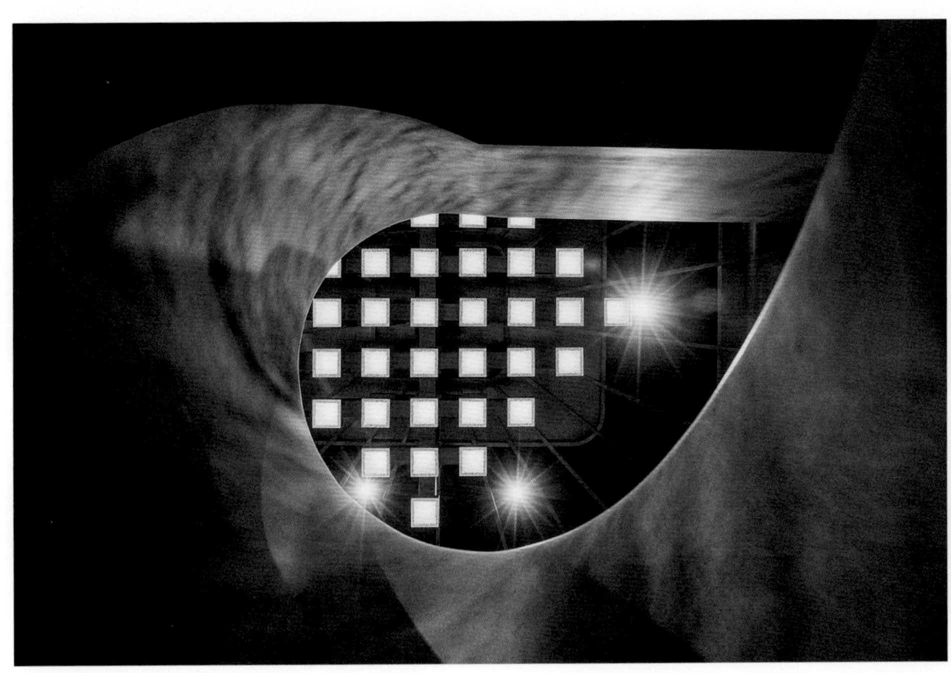

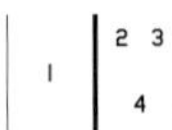

1.4　公共用餐区

2　顶棚细节

3　标志性旋转楼梯

回转艺廊
HELI STAGE

摄　影	shiromio
资料提供	ATAH介景建筑

地　点	浙江省绍兴市金柯桥大道绸缎路
建 筑 师	ATAH 介景建筑
主持设计师	徐光、王丹丹
设计团队	季仲夏、何凡、张德俊、杨朕钦、耿令香
甲级设计院	同创工程设计有限公司、上海东方建筑设计研究院有限公司
室内设计	ATAH介景建筑（概念）+上海宽创（设计施工一体化）
标识设计	ATAH介景建筑（全过程）
合作设计	MADA s.p.a.m.
幕墙顾问	浙江宝业幕墙装饰有限公司
珠宝展示	iRiffle
建筑面积	2400m^2
建筑年份	2018年

1 整体造型
2 鸟瞰

CTC 绍兴中纺时尚中心是绍兴科学城的综合性商业项目，已于今夏正式开业。整个工程涉及多种商业业态混合，是整个绍兴柯桥科学城的核心纽带，回转艺廊就是这纽带上的核心璀钻。回转艺廊位于 CTC 绍兴中纺时尚中心商业群的咽喉要道，既是艺术和体验商业的承载体，也是整个项目对外的标志性入口展示。正因为这样的项目背景，在立项之初，我们就意识到此处呼唤的是一个具有独立个性、集商业爆破力和艺术感染力于一身的特殊构筑物。

设计展开的概念切入点是提供一个螺旋的展示舞台，混沌楼层的差别，翻转室内外的界限。创造一种无界连续的展览空间体验。为了实现这样的空间体验，我们采用了螺旋面最小曲面的几何原型。当参观的人们拾阶而上的时候在眼前展开的将是延绵不绝的景象，不经意间就在室内、室外的风景、展物中穿梭了。而当需要举行大型的演出、秀场表演的时候，表演者仿佛脚踏着巨形的旋转楼梯款款地走到舞台中央。

为了实现如上的空间意向，设计采用了“核心筒＋整体钢”结构，主要做法如下：首先，主要的竖向结构是位于圆心的钢结构核心筒，内含管井和电梯设备。其次，其中从一楼上三楼的楼梯旋转面直接由和钢结构核心筒相切的水平钢梁向两侧悬挑叠加支撑。另外三层整体桁架，结合平面外围布置的悬索吊住下方结构、创造水平面的无柱空间和自由平面。最后，利用结构桁架内空间与吊顶内空间布置管线及设备。可以说这栋真正的莫比乌斯流线的达成，完全依赖的是结构的颠覆性设计。

出于对形态概念的进一步加强，外幕墙是采用三角形弧形双层 Low-E 玻璃单元尺寸（3m×2.3m×1.6m）包裹整个圆柱立面。中间顺应坡道面的展开撕裂出圆弧的切口角度为三角面边角的二分之一，如此只需基于同一个单元尺寸来生产加工。

由于项目紧挨高铁线，其传播效应将是跨城市级的。回转艺廊在项目开始之初，业主就提出一个设想最大化的让建筑成为整个中纺城项目的展示节点，为此我们除了为项目寻找契合的内部空间特性，还需对外进行最大的投射。于是光电幕墙成为最佳的选择，最终采用的是 360° 整体铺设，将在夜幕降临之际变身为一枚跳动的璀璨明珠，或在圣诞之际化身为白色的冰雪城堡。

室内设计核心概念契合纺纱主题，从纺纱相关的物件中提取抽象设计元素，以旋转、扩散、交织为手法包裹行走在建筑内的观众，在展现奇特空间质量的同时，产生那一点点的感动。若你驻足，有所深思，也许你的思绪会在展厅顶部的层层涟漪中，迎接建筑师想要告诉你的那个答案。室内设计通过对纺织工艺抽象的提纯深化建筑概念中浩大、流动、生生不息的建筑体验。正因为此，我们相信对绍兴纺织文脉的传承、对结构空间表现力的展现、对表皮层次的系统拟合将是支撑此建筑具有持久生命力的源泉。

有趣的是，作为多元化的设计机构，我们联合珠宝设计师共同推出了基于项目的限量版挂件。深受业主和时尚人士的喜爱，扩展了设计介入生活的另一种角度。END

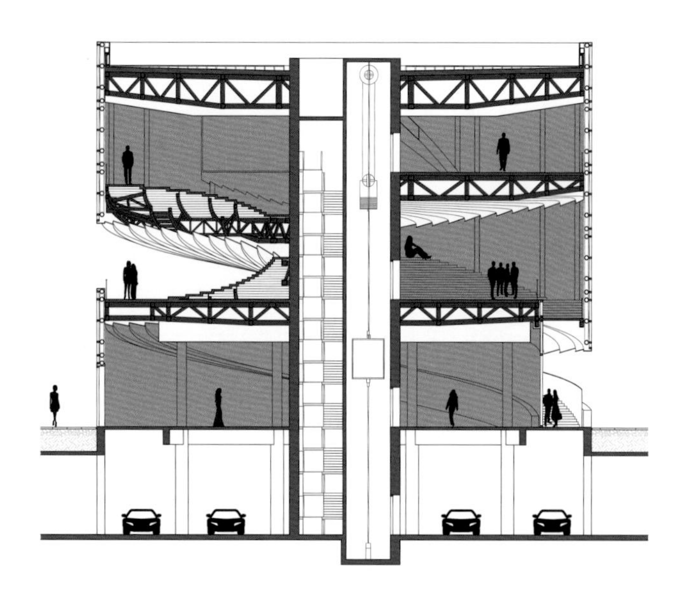

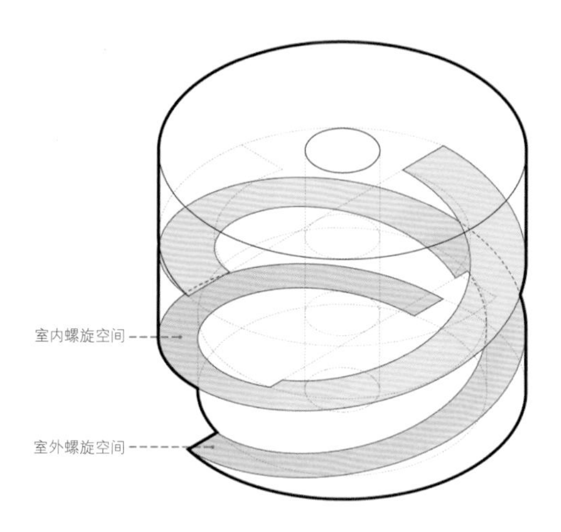

1 剖面图
2 室内外螺旋空间分析
3 螺旋形态灰空间
4 室内空间与光影变幻
5 立面细节
6 立面灯光变幻

诺颜一生郑东美容医院

KNOWING BEAUTY

撰　文	吴洁
摄　影	张世奇
资料提供	德默营造建筑事务所

地　点	郑州郑东新区康平路
设计团队	德默营造建筑事务所
建筑设计	陈旭东、吴洁、何汇闻、虞可罄、Sebastian Seibert、Louisa Wenkemann
结构设计	马骧
机电设计	包涵、曾峭、汤之清
照明顾问	欧普照明
合作艺术家	Susanna Meyer、张德群
施工团队	恩波装饰
空调供应商	西屋康达
家具供应商	梵上家具、INK+IV、NëstNördic
建筑面积	1850m²
设计时间	2017年3月~2017年8月
施工时间	2017年10月~2018年4月

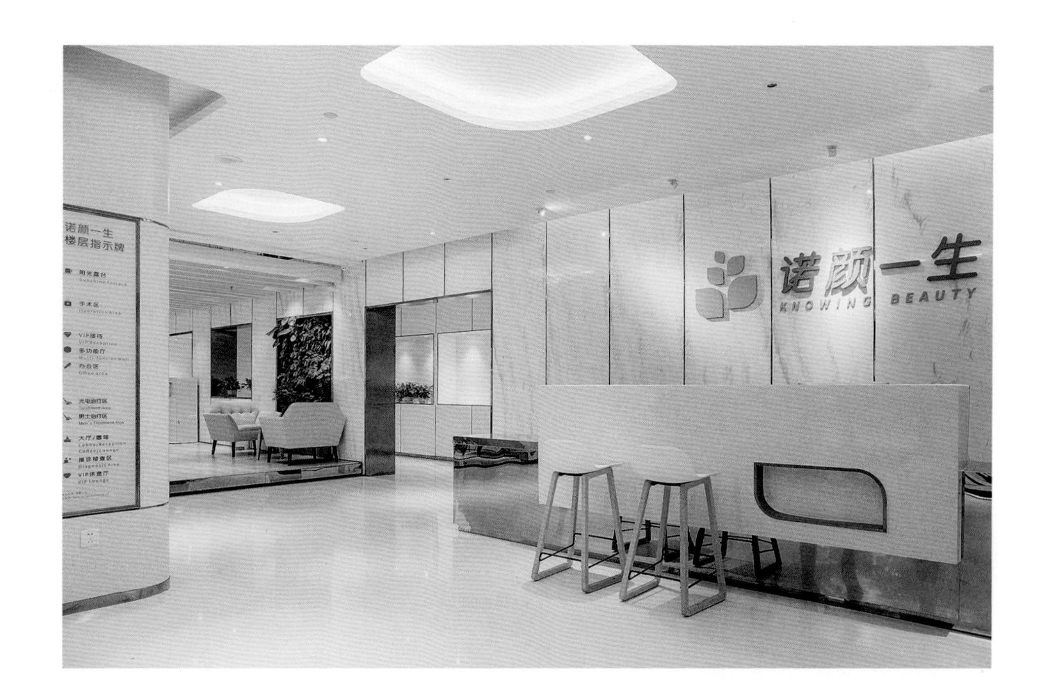

1 等候区
2 前台

项目现场是位于郑东新区新建住宅区的一个沿街独立四层裙楼，这个即将安放我们理想生活模型的容器，是当下显著都市特征的一个缩影。设计挑战是如何从当下大量同质化和重复性的案例中突围，在满足专业化要求的基础上，尝试探索一种健康生活空间的新类型，并传达一种新的生活态度和价值观念。

在考察过一系列大大小小、各具特色的美容医院，并研究过欧洲、日韩的海量案例之后，我们建构了一个实实在在的相关项目经验认知基础，也对目前国内医美空间的共性和痛点，形成了最为直观的认识。理想的健康生活空间，应当服务于当下崇尚个性独立、热爱生活的现代人，它应当具备专业可信、健康舒适和轻松明快的气质。

“云想衣裳花想容”，李太白的诗句提供了一种类比的思维方式：我们搜罗出工作室历年积累的大量时尚杂志，将其中最富代表性的图片整合在一起，经过筛选、归类和提炼，最后整理出一个以白色基调为主，比粉色更显沉稳的西柚红为辅，并搭配芒果黄、粉绿色的复调色系，成为整个空间的理想色彩参考体系。同时，花瓣也顺理成章地成为了一个基元化的设计要素，这个诞生于正交网格的弧线几何单元，成为了未来不断衍生并贯穿整个客观空间的抽象认知符号。

四层裙楼的外观中规中矩，内部层层相叠，没有常规的戏剧性开放空间作为纵向流线和视觉的引导元素。各层的功能相对独立并自成一体，某种程度上也降低了流线的交叉和重叠所带来的感染风险。就诊人群和医护人员的流线，以及洁净物品和污物的运输，在竖向交通体系中，得到了严格的控制甚至极为苛刻的设计。入口门厅、接待洽谈、护理诊疗、多功能区、办公运营和手术治疗等，更多地体现了一种内在功能的逻辑关联。四楼的手术区设计，是在有限空间中安排了三个标准的手术室，达到十万级的专业净化标准。

平面上形成定义清晰的不同功能区域，如开放的接待区、临窗的休闲等候区和私密的休息室，通过空间进深、物料选择和色彩照明等强调了区域间的差异。区域和区域之间有回路加以联系，比如底层所具有的内外两个回路，又并联在了一起，形成 8 字形的回环通路。路线中预置了一系列“取景窗口”，人们依照就诊流程引导完成导医、接诊、咨询和检测的的过程中，不经意间透过这些“取景窗口”，发现一些可坐可憩的“洞穴空间”。

空间操作是在一个完整的大空间中划分房间，并倾向于为公共空间带来一种光滑干净、赋予延展感的表皮系统。不同的材料以一种并置的方式编织到一起，石材、UV 板和印刷玻璃……白色成为统一的基调，前面提到的花瓣忽隐忽现，成为了包裹中性空间的表皮上的个性化“纹身”，它使统一感不至沦为呆板，而简洁性避免陷入单调，让抽象的环境隐含着一种自然的情绪。另外，灯光、织物以及专属的导视系统的介入，都将确保医疗建筑的专业性和消费空间的体验感，在此达到有机的平衡。END

1	3 4
2	5

1 开放式交通空间

2 平面图

3 轴测图

4 报告厅

5 走廊

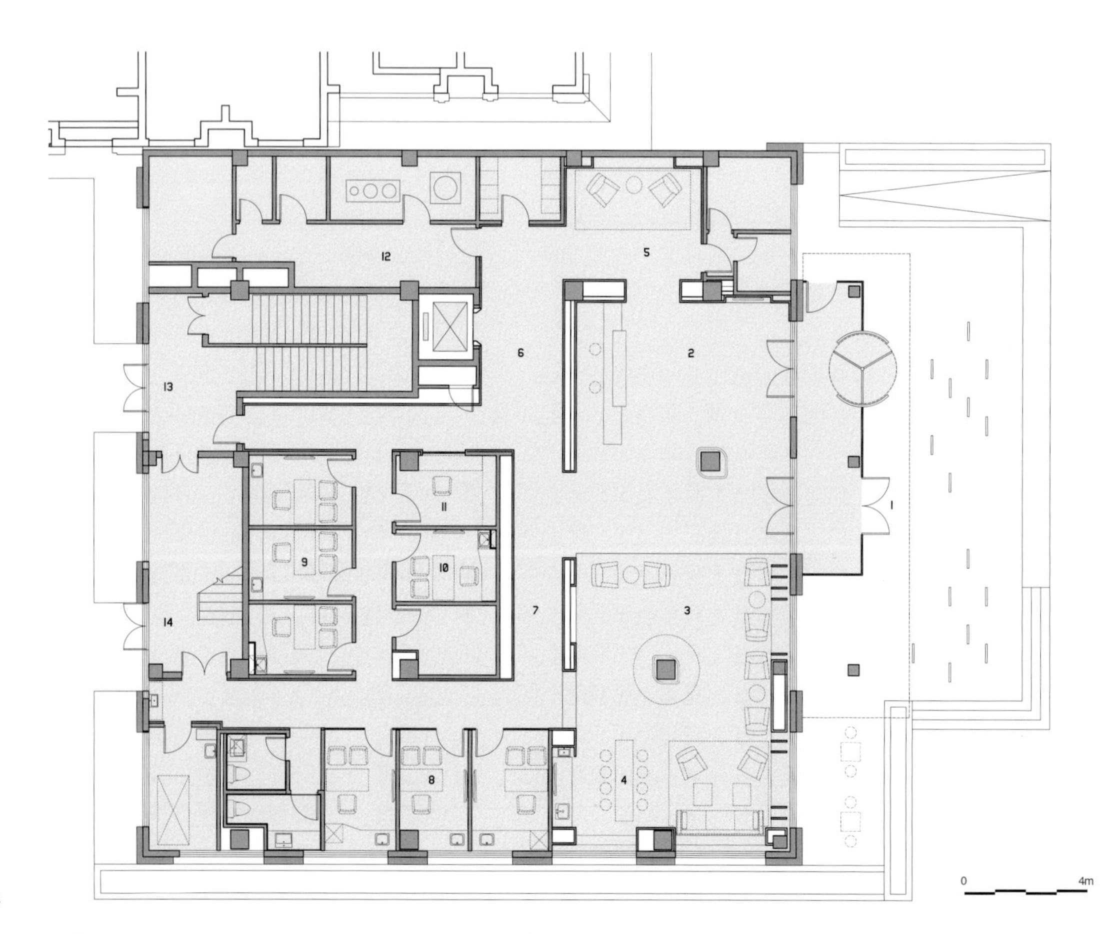

1 主入口
2 接待大厅
3 休息厅
4 咖啡吧台
5 VIP 休息厅
6 电梯等候
7 展廊
8 接诊
9 医生
10 检测
11 收银 / 药房
12 设备
13 员工入口
14 污物出口

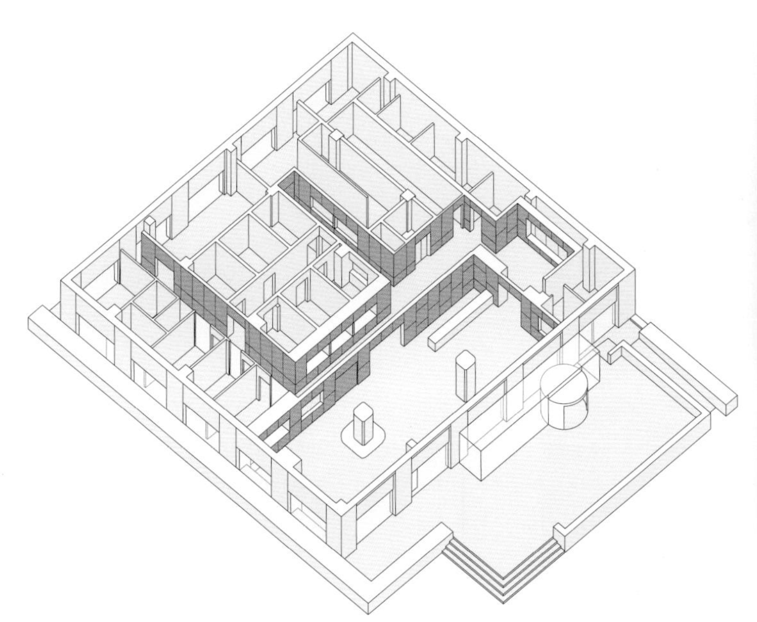

1 走廊

2 会议室

3 等候区

4 功能及流线分析

5
阳光露台
4
手术区
3
VIP接待
多功能厅
办公区
Office area
2
光电治疗区
Treatment Area
男士治疗区
1
大厅／咖啡
接诊检查区

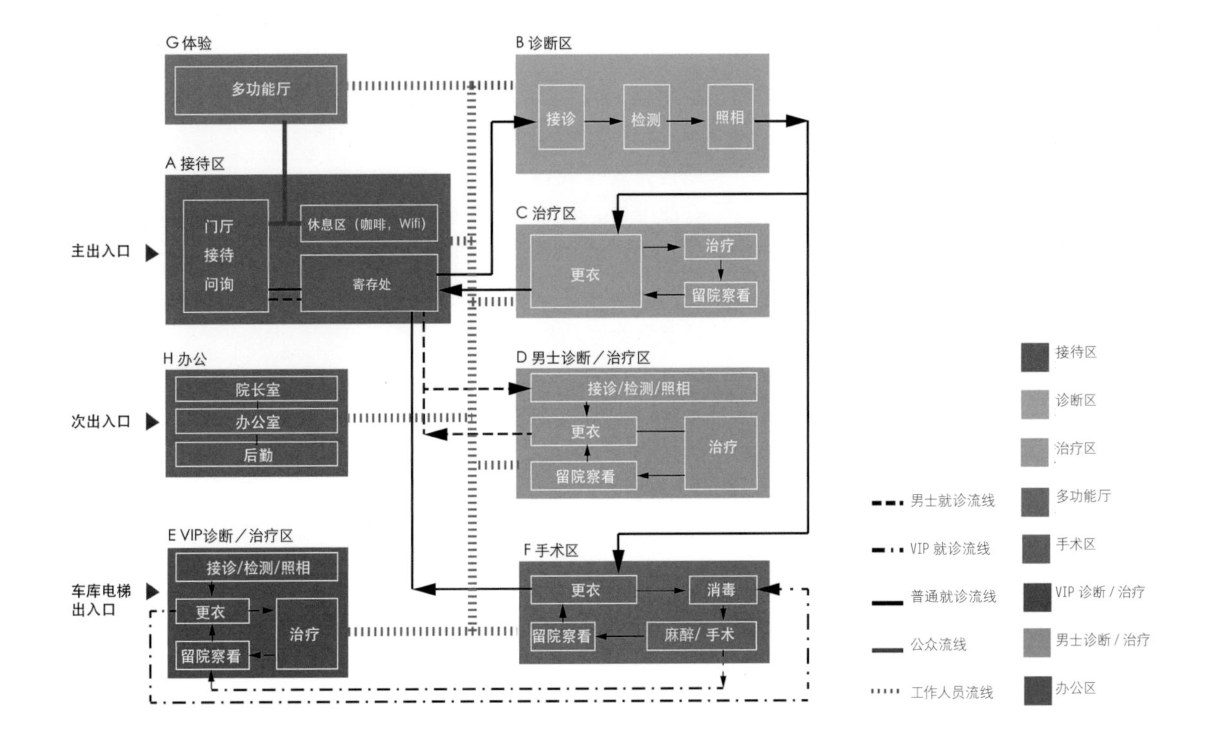
G 体验
多功能厅
B 诊断区
接诊
检测
照相
A 接待区
门厅
接待
问询
休息区（咖啡，Wifi）
寄存处
主出入口
C 治疗区
更衣
治疗
留院察看
H 办公
院长室
办公室
后勤
次出入口
D 男士诊断／治疗区
接诊/检测/照相
更衣
治疗
留院察看
E VIP诊断／治疗区
接诊/检测/照相
更衣
治疗
留院察看
车库电梯
出入口
F 手术区
更衣
消毒
留院察看
麻醉/ 手术
男士就诊流线
VIP 就诊流线
普通就诊流线
公众流线
工作人员流线
接待区
诊断区
治疗区
多功能厅
手术区
VIP 诊断／治疗
男士诊断／治疗
办公区

陈卫新

设计师，诗人。现居南京。地域文化关注者。长期从事历史建筑的修缮与设计，主张以低成本的自然更新方式活化城市历史街区。

灯随录（三）

撰　文 ｜ 陈卫新

14

读两本书，一本《中国禅宗通史》，一本《宋人轶事汇编》，后者可以说是特意选了与前者一起读的。我一直认为读书要有对应才好，好比吃好粥配小菜，浓淡两宜。且后者对应前者同时来读，更显彼此向好之意。宋人轶事中，除了名显的皇后皇太后，提及的女子也不在少数。有宋人画《熙陵幸小周后图》之事，有金城夫人得幸太祖被太宗弓杀之事，有花蕊夫人随昶归宋玉斧斫地之事。陈师师、苏小小，又潘德成与陈妙常，柳三变与楚楚。连寇准寇老西也有个相好叫菁桃。总之家长里短，整个宋代史捏在手上，妙趣横生一团春意。提及范仲淹时特别有趣，范文正守鄱阳时，爱上一小妓，还京曾以胭脂寄其人，题诗曰："江南有美人，别后常相忆，何以慰相思，寄汝好颜色。"轻佻是轻佻了些，而且与往常记忆中"先天下之忧而忧"的范文正差别真的很大。民国四公子之一张伯驹落魄之际，曾将自己所剩的全部书画共计30多件，全部捐献吉林博物馆作为觐见之礼，其中有宋代杨婕妤的《百花图》，这是我国现存的第一位女画家的作品，一直被张伯驹视为最后的精神慰藉。杨婕妤是谁呢，据说是南宋宁宗的女人，在此书中，我并没有找到。找不着准确答案也是对的。如宋代禅师猛地里仰头望天，只喝一句："看箭"！这是机锋，也是逃遁。黄裳懂秦淮八艳，用他的话来说，一切大小文人只要碰到与古代佳人牵连的事物，都成了发泄幽情的好题目。"这些雅人动机说穿了无非是想吊死去了若干年的小女子的膀子。"这话稍显刻薄，但于老到纯熟的好文章并无害义。那文中还提及柳如是的一封信札，文字倒是真的不错，信的末尾"昔人相思字每付之断鸿声里，弟于先生亦正如是。书次惘然。"女子敢于自称为弟者，河东君算是个奇人。想起去年观筑展的马湘兰的手札长卷，用笔疏淡，字字拔扬，用笔有兰花之意，也是美极。古往今来，如此奇才美艳女子不在少数，有人深陷其中，有人左顾右盼，有人闪烁其词。对于宋人，无非为后人多了些谈资与窥探之意，对于当下，这个男女公平的时代，最好当作是禅的一种幻境，可以悄悄问心，不能说。要说也只能是"万法归一，一归何处。"

15

比托拍摄的中国影像。第二次鸦片战争中的广州与塘沽，北京。因为塘沽炮台中方军人尸体的原真性，照片广受西方媒体欢迎。两广总督叶名琛被俘，被押送加尔各答威廉堡，后绝食自杀。据说表现有节有理，马克思还表扬了他。从某种程度上来说，图像能传达更大的、更真实的历史观。

喜欢有阴影的存在。一件物一件事，没有了阴影就会缺少存在感，阴影是所有事物的根。

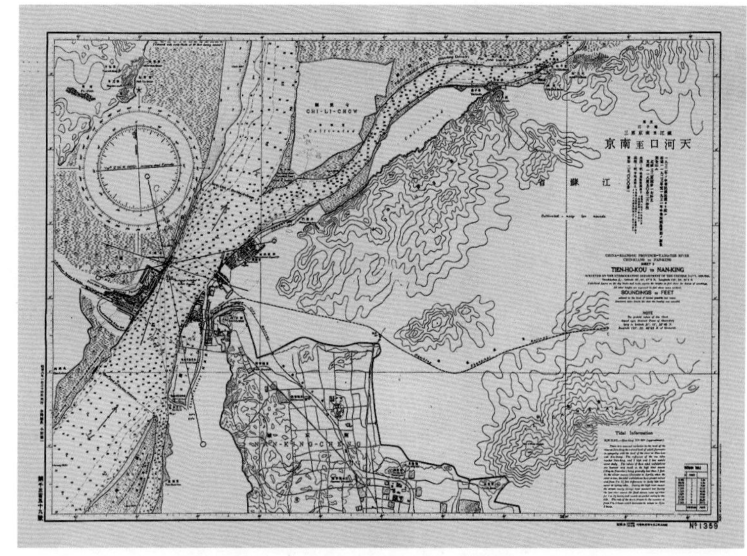

扬子江水文图局部（陈卫新藏）

16

早上去三六九吃金春锅贴，七元五只，比其他人家卖得稍贵一点。“三六九”这个店名早在1949年前就有了，以数字命名，是有时代象征意义的。昨天站在老门东的一条巷子里说：“可怜花香处，水寒尤抱春。”低头看见脚下的五板桥，石板不知何时残断了一条。石板就那么断着，被两侧的石板挤拼着，但又不落下去。听说，八指头陀见到竹篱下雨打桃花时曾发笑。伤春悲秋，自然不如发现一块残了的石板，让人觉得生活之艰中的惊叹与喜悦。

回工作室。早上的阳光好，可以坐在阳台上喝茶、空想、怀旧。人的情感是有惰性的，想起另一件久未想起的事情，好像总是要等待一种机缘与顺便，如同一种隔空的互证。所以在冬天的时候顺便想想春天，在吃包子的时候顺便想想白粥，在读书间隙顺便想起一场湖边的焰火。有人讲怀旧是接近年老的，我从小就喜欢怀旧。在冬季，扫地的最高境界叫作“各扫门前雪”。每一个人都需要整理自己的记忆，如果不去认真地触碰它，记忆的碎片是会融化的。桌子边上有一张包装盒的纸板，很白，丢掉可惜，便拿出来抄了首旧诗，宋代那位写诗的诗人该不会生气吧。

17

早上看到院子里有鸡冠花，颇肥硕，所谓“倾艳为高红”，浑身有鸡立鹤群的冲动。找出一页纸来写。古人讲开弓没有回头箭，但开弓也未必一定搭上箭。不讲话，也是一种态度。过去的人能开硬弓三张，可称勇士。想起一句话：“读书如拉硬弓”。现在一张也拉不开，太重了。

走了去看潘玉良的画展，“月是故乡明”。画都是当年从法国回来的，她的作品达4700多件，这只是其中的一部分。见到一页速写有陈独秀先生的跋，文中言：“余识玉良女士二十余年矣，日见其进，未见其止，近所作油画已入纵横自如之境，非复以运笔配色见长矣，今见此新白描体，知其进尤未止已”。有趣。

18

古人取名，名与字总是关联的，岳飞，字鹏举，很合。记得以前写过一短文《岳飞为何越飞越累》，东拉西扯，无非是想为自己的杂想找个答案。近似的也行。但生活中许多事情是没办法找答案的，或者说也不一定非得找到。“泥马渡康王”，是奇幻，也是实情而来的演义，成就了赵构的帝王梦，也使赵家得以偏安。在我工作室以西，大约百余步远，便是传说中的泥马巷，近来正在大搬迁之中，年前偶然走去，发现一个非常精美的古井栏已不见了踪影，不单井栏，门头砖雕，甚至一段弹石路面。生气有什么用，我也许该骂上一句的。金陵有泥马巷，杭州也有泥马巷，泥马故事如出一辙。但当下能联想到的，却有可能是“卧槽泥马”，这真是源于世代精神的幽默。多年前，有人约了我去牛首山，替弘觉寺的修缮提建议，那天微雨，山岚涌动，走去摩崖石刻山谷的时候，真的有些探幽的意境。山的另一面是岳武穆当年的石垒，站在山头，山下即战场，三十里营盘旌旗招展。当然，岳飞与金陵的缘分不仅仅是牛头山，有个金陵人秦桧不经意也与他成了冤家对头。野史里说“秦桧眼有夜光”，“性阴险，乘轿马或默坐，常嚼齿动腮，谓之马啗。相者谓得此相者可以杀人。”想不出什么样，总之，有抑贬之意。据说秦桧文才书法也是不错，擅篆书，金陵文庙井阑有“玉兔泉”三字，很是可观。中国人从来讲究的是道德文章，前面的全没有，文章又能怎么好法。只是不知那刻了篆书“玉兔泉”的井栏，还在不在了。

19

路边有人训练鹦鹉的反应速度，鹦鹉真辛苦，要么选不出词，要么选好了词，但又讲不出声。站在一根光滑的黑色的金属杆子上，容易吗。

高铁的好处就是我刚把包抱在怀里，就听见自己的鼾声了。虽然我并没有带包。

看到一个长腿的女孩子从走道经过，真的很长，我想她跑起来应该很像一把专业的剪头发的剪刀。

隔座的男人终于解决好送一束花的事了，旁听了他超长的电话（与之前长腿一样长）以及吞吞吐吐的自以为是。想到那束花会摔在楼道口，也就满心欢喜了。世界太平了。END

高蓓

建筑师，建筑学博士。曾任美国菲利浦约翰逊及艾伦理奇（PJAR）建筑设计事务所中国总裁，现任美国优联加（UN+）建筑设计事务所总裁。

在无法建造的乡间

撰　文 | 高蓓

400亩的农场，好歹应该可以建一点建筑吧。三年前，我这么想。

花了两年时间，东问西打听，结果通过某部门真的搞清楚了我们应该有2500m^{2}的建筑配套指标，也就是说，我们可以用2500m^{2}的地儿盖两层以内的房。再到农投公司去申请，对着人家办公桌上电脑屏幕里的地图，兴冲冲地看了半天，放大，缩小，发现，没有地方可以盖……

整个农场的版图上，只有三个小小的框框，4m宽细细长长的一条，200m^{2}是现在玉米地北边的一条水泥路；斜斜的一小块50m^2，是紧贴着北边大棚的一块低洼地；还有一块20m^2，一半其实是现有的水稻田观景台——只有这三块是可以建造的，其他的地方都算作基本农田。

就好像是兜里有3000块钱，出去一看，没地方花。唯一能买的一点东西还用不成。

郁闷啊。

我可是一个建筑师啊。

最早意识到我身份转变的，是万能的淘宝。

很早以前的一天，我突然发现我的淘宝页面最下面的“猜你喜欢”里是：中捷四方斜纹夜蛾信息素诱芯性诱剂，紫白菜种子特色蔬菜籽红娃娃菜大田春季播种农家菜园，第六代加强型农富康秸秆发酵剂玉米秸秆青储青贮剂黄贮黄储，园艺剪刀月牙修枝剪果树剪刀多功能树枝剪子工具，规格可选“耐寒常绿蕨”胎生狗脊蕨Woodwardia prolifera耐阴湿……

谁知道当时，我一边种花一边种菜一边堆肥一边还做着盖房子的梦。

不过还是画了点零零碎碎的图纸。

我把蔬菜花园分割成很多小格子，有些是砖砌的围边，有些是木头的，有的木头围边高一点，有的干脆架起来，成了方便打理和采摘的菜台。中央的道路宽一点，旁边有很多原木桩和长桌，方便称重分拣交流，就好比是街市；河边一些地方去掉几个蔬菜格子，放几个砖砌的土灶，挖了土豆就可以烧汤；西北边位置隐蔽交通便捷，砌了一个沼气池，旁边有几个大孔铁丝网围起的堆肥处，最北边是玻璃育苗大棚，近中心处是一个养莲藕和慈姑的大水池，大棚和水池之间留了一处空地，放了一个大沙坑，给小朋友放放电。

从图纸到场地，没什么惊喜，倒是有些收获。木格之间的砾石路的宽度有两种，60cm和1.2m，后来看还是做宽了，可以更紧密一点，一般菜畦的田埂也只有40cm左右，这样浪费土地，也显得蔬菜的覆盖率不够，一些节点上的果树尺寸都不会太大，显然我没考虑到，导致树木竖向上的对场地的控制不够，气感有点松散了……

至于在蔬菜花园里种些什么，我还设计不了，我还在钻研“好朋友种植法”，西红柿旁边种罗勒，韭菜配生菜什么的，于是唐队长他们先种了一茬。等六七月份的时候，我去一看，哇，这还是原来的蔬菜花园吗。

南北向的好几个木格里搭了细细的竹竿，两边爬满了菜豆，从中经过，人好像进入一个亲密的空间，然后是丝瓜，顶上

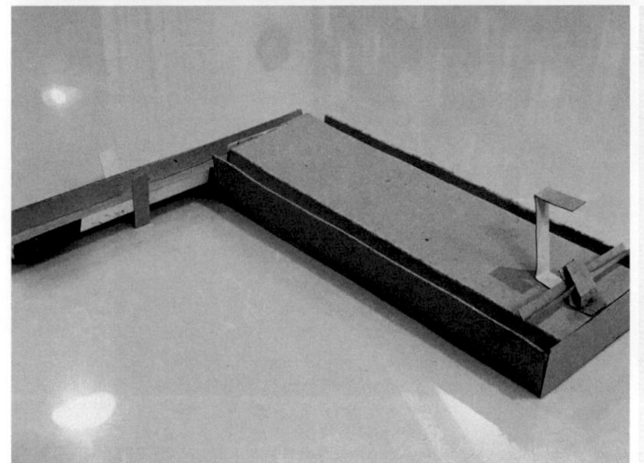

1 师傅们自己做的推车

2 师傅们用螺钉和铁圈做的鸡棚门闩，消隐式的设计

3 机压水井和流水槽的设计

4 师傅们用小钢板切的门闩，转动可卡在右边的固定件上，弧度圆润，造型简洁

开始有了遮蔽，低矮、吊着的丝瓜带来重物的垂坠感，光线开始变暗，重复地有间隔搭建，出现明暗的节奏。如果从旁边拐出，东西向都豁然开朗，如果继续向前，迎面的数个木格里都种了玉米，2m 多高的茎杆挤挤挨挨，形成整齐的体块，明亮的日光下结实闪耀。

到了秋天，东边一处 3m 高木芙蓉突然就能开放出膨胀般的花朵，它曾经细弱的存在变成隆重的存在，身后的紫苏正是成熟的季节，将近一人高，顶部的轮伞花序发散有如细穗，夕阳下朦胧如纱似海……东边的区域一下子成为视线的焦点，这，是我从前的设计？

所有的同我工作过的项目参与者都知道，我是很难容忍设计走样的，甚至，难以容忍设计的改变，所有成图的材料结构节点，都必须好好地、静静地呈现在那里。而我企图在农场盖点房子，不就是受不了那些层出不穷莫名其妙的改图和变化，希望自己能够一力掌控吗。

可是，我真的很喜欢现在这些改变，喜欢季节给我的惊喜，喜欢那些植物不同状态的不期而遇，喜欢完全出乎我意料的色彩和形状，喜欢它们年年月月甚至时时刻刻的不同。

而我所做的，仅是确立那能够配合改变的宽松而又明确的结构，以及根据改变的随时调整——有些砾石路太宽，那就在旁边的木格里种上枸杞藤什么的，斜溢出来的纸条正好盖住路的边缘。

我经常漫步在蔬菜花园和农场的各处，随着建造的点滴加入，随着植物的明灭容枯，时时都能感受空间、边界、尺度、生长、渗透、密度、速度、亲疏等等的建筑学意义，哦，不，可能是我狭隘了，这些意义不只是建筑学概念上的。

即使仅仅在花房里，都有着多样的收获。原来种花叶胡颓子的地方，现在改种了几棵纹瓣悬铃，一个向心的体量变成了散逸的甚至向四边探出如伞状覆盖的枝状物，完全改变了那一大部分的空间感受，甚至远远的一丛月季都改变了原来的物象，原来高雅的灰紫色彩因光线减弱变得有些暗沉，因朵朵悬铃的亮橘色颗粒显得花瓣有些繁复，这种沉郁使得原来挺拔的茎现在也显得有点过高了。

不过我只是看，我不会急着调整。它们在改变，我是不是欣赏就好？

可能应该换掉那一丛灰紫的月季，可能应该早点修剪，可能应该做点别的，我现在只想看着它们，比起画分析图，我更喜欢画点它们的速写，等待那个召唤我做点什么的时机，或者也许，前面的一簇日本绣线菊明年就长大了，它们的粉色正好融进那一团灰紫，谁知道呢。

这些问题，图纸和我都解决不了，不对，这些问题其实就不是问题。我、"设计"和它们本来就是一起的，我们因对方而改变，却不应该要对方改变。

还画几个羊棚鸡棚，却不知道怎么画节点大样——不熟悉他们的工艺啊。

他们就是顾师傅康师傅范师傅丁师傅曹师傅们。顾师傅对我而言是一个神奇的存在，他用切割机和焊枪能做出世界上的一切东西，就像用剪刀和胶水一样简单自

1-3 墙面上的弧线来自一张大圆桌的边角料

4 有些"即兴"的建筑

在；老顾师傅是种植组女超人施队长的丈夫，也是村里的泥瓦工；曹师傅是村里的木匠，见我就笑，因为我说话他听不懂他说话我也听不懂。养鸡鸭猪兔，种树养花，种蔬菜种水稻小麦，砌墙修栏杆，焊铁丝网，挖沟上梁，这些师傅每个人至少身怀三项以上绝技。

对了，你可能觉得我的意思就是：没一个人是专业的。是的，我常常想，那些所谓专业的人，又能干得了什么呢。大机器化的社会生产，带来越来越细致的社会分工，也使得大多数人都成为大机器的某个零件，这些农业社会留下来的全能型选手，这些能够自给自足料理生活的人，这些遇到任何任务都自豪地说："弄弄看可以的"的爷叔们，是不是比现代社会贫弱的城市人更正常？

我索性不画图纸了，有时候随手折个模型，有时候拿个砖头在地上画画，反正图纸大家看不懂徒增烦恼，反正他们的节点和结构很多都比我画的要直接简单聪明，那就一起做。出现的成果与其说是我设计的，不如说是群体搭建的即时结果，它和当时的材料、工具、建造的人和人数、周边情况甚至天气和植物都有直接的关系。我为什么要追求一个完美的设计，这样的过程不是更开心。

材料简单、做法简单，建造人也是使用的参与人，结果自然是很好用，还有，我特别高兴满足的是，建造的结果几乎没有什么形式感，没有"我要成为某某某"、"我要存在很久很久"的荒唐和傻气，这些有点"即兴"的建筑，有点糙，和土地一样，诚实，简朴，和气。

没有图纸更好玩啊。建造的材料大多是回收利用的，羊圈鸡棚木地板什么的，总有好多边角料，利用球形大棚和水泥路之间的空地做一个循环艺术走廊，把那些剩余的木料铁板竹竿做成几堵补丁墙。师傅们把那些剩材料都组合在墙面上，我就像传说中的做园子的主人指挥堆石做假山的匠人们一样，站在旁边，指手划脚："左边，上面……"

以前的幻想中那园主定是一边喝茶一边眯眼觑探，经过了这一次我断定那园主必定不会有那么悠闲，这显然一定是一场不分你我并肩作战的努力。就像康师傅捡出一根大小适合的废料向墙上一比，问："刮（怪）哇？"沈师傅答："弗灵额。"再捡出一个料来，不等上墙，丁师傅就叫："狭斩（太棒）额。"

补丁墙几乎完全是原有边角废料的拼贴呈现，每一处都是原创的集体设计。我们一起，观察那些本要废弃的材料，观察它们的纹路和钉痕，让它们各成创造的一部分，我们可以哼着歌，在太阳底下劳作，忘记什么图纸和作意，只记得当下的感受和热情，我们自古以来就是这么工作的，不，就是这么生活的，不是吗。

上次说道我的理想是做一个农民诗人，哈，我现只想做一个真正的"农民工"。

怎么什么词和农民连在一起就那么特别。

因为"农民"就好像是连在土地里的，就好像是一种特殊的执照，可以在大地上歌咏，建造，生活。

至于指标什么的，没有也足够了。END

苏州中心商场一周年

2018 年 11 月 11 日，苏州中心商场迎来一周年庆典。作为国内高标准城市综合体，其总建筑面积约 113 万 m^2，是一个资源高度集约化且实现人、建筑、城市与自然和谐共存的城市综合体典范，引领了城市综合体项目可持续发展，其建筑设计、规划设计以及景观设计等均具有非凡的借鉴意义。半开放式中庭“凤园”是承载着交通、景观、空间等重要功能的中轴共享大厅，从细节到整体，从支撑的树状支撑到半开放的空间架构，都历经反复打磨，力臻完美。凤园西部两边立面上，镶嵌着两块百叶窗式巨型 LED 屏幕，东部立面则设立了名为“银河”的巨型水幕，在商业与艺术、传统与现代之间搭建了对话的桥梁，糅合出新苏州融汇古今的和谐风貌。

城市梦游季登陆上海

11 月 23 日，由建投书局和梦想加品牌开启“城市梦游季”的城市文化嘉年华活动，邀请首批“梦游者”走入嘉昱外滩中心“梦想加”空间。从设计、空间、智能到未来生活和办公，八位本土独立空间主理人以“城市、空间和我们”为主题展开一场跨界对话，讲述不同城市、空间对人的影响，探讨城市公共空间的价值建构对于塑造当代城市精神和市民意识的积极意义。活动为公众呈现六大人物主题体验活动，邀请了包括知名建筑师唐克扬、跨媒体艺术家朱敬一、经济学家陆铭、彩虹室内合唱团等十位跨界“梦想家”代表，通过装置艺术、互动体验、演讲分享、音乐演出等形式，播撒梦想的种子。

“斯蒂文·霍尔：建筑创作”展览于韩国首尔崇实大学开幕

“斯蒂文·霍尔：建筑创作”于 10 月 1 日至 28 日在韩国首尔崇实大学展厅进行，斯蒂文·霍尔本人也莅临演讲。此次展览通过最近 9 个项目约 100 件展品，呈现霍尔复杂而独特的建筑创作过程。展览作为建筑与都市艺术节的一部分，由三个部分组成——思考、建造与反思。“思考”阐述水彩、小的探索性模型和材料碎片是如何引发想法的产生并构成每个项目的基础。“建造”通过模型、雕塑以及真实的施工照片，揭示了建筑创作的过程。“反思”则借由一系列的数字电影、霍尔的手稿及有关他的文章来呈现作者的思想。该展览之后将于首尔市的博物馆继续，时间为 11 月 9 日至 2019 年 1 月。展览由 Steven Holl Architects 以及 Steven Myron Holl 基金会制作，纽约州立大学 Samuel Dorsky 艺术博物馆承办，首期已于 2 月至 7 月进行。

设计师黄全 × 如晶 NUKIN “维”系列 400m² 空间秀

在 2018 年上海国际家具展上，如晶 NUKIN 全屋高定整装联合知名设计师黄全研发的全新“维”系列正式亮相。在 400m^2 的空间中，黄全打造了一个时尚又不失温馨的现代居家环境，将“延续”作为该系列的精神内核，也揭示了品牌方与设计师对“由家具引发对生活方式的多种联想”这一主题的见解。设计师通过穿插、排列、平铺等看似简单的手法突破既定疆域。同时木材、金属、皮革、玻璃与大理石等家装材料强调品质感，譬如进口自意大利的皮料搭载如晶 NUKIN 引以为傲的贴皮工艺，也是整个“维”系列中的亮点。作为“维”系列及本次展厅的设计师，黄全坦言，如晶 NUKIN 团队在豪宅高级定制领域保持不间断探索，通过实践逐渐推动国人家装观念及生活方式改变的专业精神令他深受感触，双方对生活美学的认可与坚持则是达成本次合作的情感基筑。

第三届米兰国际家具（上海）展览会在沪举行

第三届米兰国际家具（上海）展览会再度登陆上海展览中心，展示了意大利巅峰制造和设计品质。本届展会为期三天，在参与者高涨的热情和极大的满足中落下帷幕。本届的展会不仅观众数量逐年增长，今年筛选出的 123 个品牌也更加充分地表达出意大利设计与产品的精髓。再加上 3 天 7 场设计对谈，20000m^2 展区里热闹非凡，令上海展览中心空间几乎饱和。

此外，第三届上海卫星展也拉开了帷幕。共有 39 名中国新锐设计师参展，他们用行动证明了中国是一个机遇、研究、创意与试验的真正摇篮。获奖者将受邀参加下一届于 2019 年 4 月 9 日至 14 日与米兰国际家具展同期举办的卫星展。三场大师班阵容豪华，三位世界顶级意大利建筑设计师 Michele de Lucchi、Stefano Boeri、Roberto Palomba 与三位中国顶尖设计师张永和、柳亦春、陈福荣展开精彩对话，共同探讨热门设计话题。

2019 年 11 月，米兰国际家具（上海）展览会将再次强势回归。